Franz Brentano: textos seletos

APOLODORO VIRTUAL EDIÇÕES
Direção editorial: Charles Feldhaus (UEL/Brasil)

Série "Racionalidade, Intencionalidade e Semântica"
Editor da série: Celso R. Braida (UFSC/Brasil)

FRANZ BRENTANO

Franz Brentano: textos seletos

Apolodoro Virtual Edições
2023

APOLODORO VIRTUAL EDIÇÕES
Coordenadora Administrativa
Simone Gonçales

Capa
Apolodoro Virtual Edições
Revisão sob responsabilidade dos tradutores

Concepção da obra
Grupo de Pesquisa "Origens da Filosofia Contemporânea"
(PUCSP/CNPq)

Concepção da Série
Grupo de Pesquisa "Origens da Filosofia Contemporânea"
(PUCSP/CNPq)

Dados Internacionais de Catalogação na Publicação (CIP) de acordo com o ISBD

F839 Franz Brentano
Franz Brentano: textos seletos / Franz Brentano; Tradutores: Evandro O Brito e outros - Guarapuava [PR] : Apolodoro Virtual Edições, 2023.
121 p.

Inclui Bibliografia.

ISBN: 978-65-88619-34-6 (Físico).
ISBN: 978-65-88619-35-3 (Digital).

1. Filosofia - Intencionalidade. 2. Epistemologia. .3. Ontologia. 4. Ética. 5. Brentano, Franz. 6. Brito, Evandro O (Trad.) I. Título.

CDD 190

Marcio Carvalho Fernandes - Bibliotecário - CRB 9/1815

APOLODORO VIRTUAL EDIÇÕES
editora@apolodorovirtual.com.br
www.apolodorovirtual.com.br

Agradecimentos

Meus sinceros agradecimentos a todos os professores e pesquisadores que participaram, direta ou indiretamente, das traduções e revisões dos textos que compõem esta obra, especialmente à Camila B. Moreira, Ernesto M. Giusti, Emanuel L. Stobbe, Maicon R. Engler, Adriano Picoli, Werner L. Euler, bem como ao suporte prestado pelos professores Udo Tellmann, Katy Rdjabi e Jacqueline Schreyer do IIK Düsseldorf. Concebida pelos membros do *Grupo de Pesquisa Origens da Filosofia Contemporânea* da Pontifícia Universidade Católica de São Paulo (PUC-SP), esta obra brentaniana inaugura a publicação das traduções de obras raras, vinculadas à série *Origens da filosofia contemporânea,* pela editora Apolodoro Virtual Edições.

Evandro O. Brito

Com razão, então, já Aristóteles, no início de sua obra sobre a alma, elevou a psicologia acima de todas as outras ciências, embora com isso ele tenha reparado exclusivamente nas suas vantagens teóricas. "Se nós", diz ele, "incluímos o saber naquilo que é nobre e venerável; mas um mais que o outro, seja porque sua exatidão é maior, seja porque seu objeto é sublime e maravilhoso: então, por ambas as razões, nós justificadamente teríamos de contar o conhecimento da alma entre os bens mais excelentes". Pode causar admiração que aqui Aristóteles também designe a exatidão da psicologia superior às outras ciências. Para ele, a exatidão do conhecimento está relacionada à imortalidade do seu objeto. O que muda contínua e universalmente subtrai-se, segundo ele, à investigação científica, enquanto o que é mais permanente tem a verdade mais permanente. De qualquer forma, nós também não podemos negar que as leis, as quais determinam a psicologia, têm pelo menos uma significativa verdade permanente.

Franz Brentano

SUMÁRIO

APRESENTAÇÃO

O trabalho de Franz Clemens Brentano (1838-1917) exerceu uma forte influência no desenvolvimento da filosofia no final do século XIX e início do século XX. Orientado pela reformulação e pelo uso original do *método psicológico* na filosofia, o trabalho brentaniano ficou amplamente conhecido pela reintrodução da noção de intencionalidade no debate filosófico contemporâneo - embora isto encubra o fato de que efetivamente ele formulou uma *teoria da referência intencional*, mas não uma teoria profunda da intencionalidade.

É consensual entre filósofos contemporâneos que Brentano fez importantes contribuições em muitos campos da filosofia, incluindo filosofia da mente, metafísica e ontologia, ética, lógica, história da filosofia e teologia filosófica. Influenciado tanto por Aristóteles e Descartes, quanto pelos movimentos empiristas e positivistas do início do século XIX, Brentano é frequentemente considerado um precursor tanto do movimento fenomenológico quanto da tradição da filosofia analítica. Por um lado, devido à radicalização da abordagem introspectivista decorrentes da descrição das características fundamentais da *teoria da referência intencional*, a qual fundou a pedra angular para uma filosofia da consciência a partir do ponto de vista da primeira pessoa, e por outro lado, graças ao estilo rigoroso com que impôs o lema defendido na sua *4ª tese de Habilitação* às suas investigações desenvolvidas até o final de sua vida, a saber, *o verdadeiro método da filosofia não é outro senão aquele das ciências naturais*.

Reconhecido por muitos como professor carismático, Brentano desempenhou um papel central no trabalho de Edmund Husserl, Alexius Meinong, Christian von Ehrenfels, Kasimir Twardowski, Carl Stumpf e Anton Marty, entre outros. Curiosamente, sua influência teórica na filosofia de tais autores fundamentou teses e doutrinas até mesmo divergentes e conflitantes entre si, em muitos aspectos. Fato que implicou, ao menos, em uma fama aparentemente ambígua, pois de um lado, portanto, Brentano foi considerado um filósofo e metafísico com um fundo fortemente clássico, mas por outro, como um psicólogo descritivo, um crítico da psicofísica Fechneriana e, através do trabalho de Stumpf, Meinong e Ehrenfels - três de seus mais notáveis pupilos - um dos precursores da teoria da Gestalt. No entanto, e ainda que aparentemente ambígua, tal fama pode ser reconhecida com uma boa indicação do *télos* do trabalho de pesquisa brentaniano realizado ao longo de toda sua vida, inclusive quando já não mais exercia atividades acadêmicas. Em outras palavras, a dissolução da ambiguidade característica de sua fama tornou explicito o modo como duas visões aparentemente antagônicas puderam ser conciliadas, ou seja, como a convergência entre o aristotelismo e a psicologia empírica, bem como a filosofia escolástica e a filosofia experimental, interpenetram seu pensamento filosófico.

Os textos que compõem a publicação deste livro foram selecionados em função da possibilidade de contribuir com a elucidação, não apenas da ética e da teoria do conhecimento brentaniana, mas sobretudo com a elucidação de alguns aspectos fundamentais do projeto brentaniano como um todo.

O primeiro capítulo, intitulado "As Teses de habilitação - *Die Habilitationsthesen* (1866)" - e publicado pela primeira vez (sem o prefácio de Oskar Kraus) na *Guairacá - Revista de Filosofia* (v. 33, n. 2, p. 160 - 168, 2017), apresenta a tradução das 25 teses de habilitação defendidas por Brentano em 1866. Suas linhas gerais, tal como Kraus precisou no referido prefácio à publicação original, podem ser sistematizadas da seguinte maneira. As primeiras quatro teses tratam de questões metodológicas; em seguida as teses 5 a 11 tratam de problemas ontológicos e metafísicos, ou seja, entre as teses 5 e 8 estão as questões de teologia natural e cosmologia, nas teses 9 e 10 estão as aporias da teoria do contínuo, na tese 11 está uma questão que diz respeito tanto à teoria do contínuo quanto à psicologia, as teses 12 a 15 tratam de questões psicológicas, sendo que de modo mais específico a tese 15 trata de um dos problemas mais controversos da psicologia aristotélica, a doutrina do *noûs poietikós*, que tem significado histórico e ainda hoje é, em sua maioria, mal interpretada. As teses 16 a 21 fazem afirmações lógicas e linguístico-filosóficas, bem como críticas linguísticas. As teses 22 e 23 tratam de questões éticas, incluindo a questão do livre arbítrio, e as teses 24 e 25 tratam das doutrinas básicas da estética. Assim, todas as áreas da filosofia foram envolvidas na defesa.

O segundo capítulo, intitulado "Sobre o conceito e a tarefa da ciência psíquica (1874)" - publicado pela primeira vez na *PERI - Revista de Filosofia* (v. 09, n. 01, 2017, p. 239 - 261), apresenta a tradução do texto "*Ueber Begriff und Aufgabe der psychischen Wissenschaft*". Trata-se, de fato, da primeira parte do capítulo 1 da principal obra brentaniana, "*Psychologie vom empirischen Standpunkte*", na qual a definição de psicologia é apresentada como a ciência que tem como objeto de investigação os fenômenos psíquicos, a partir de um diálogo minucioso com a tradição filosófica.

O terceiro capítulo, intitulado "Miklosich acerca das proposições sem sujeito (1883)" - que veio a público pela primeira vez na *Guairacá - Revista de Filosofia* (v. 32, n. 1, p. 106-114, 2016), apresenta a tradução do texto "*Miklosich über subjektlose Sätze*", publicado por Brentano primeiramente no *Wiener Zeitung* (1883) como uma resenha. Em função da originalidade reivindicada pelo próprio Brentano acerca da sua tese principal, a qual afirmava descrever a forma universal da proposição, essa resenha foi publicada pela segunda vez como introdução à obra "*Vom Ursprung sittlicher Erkenntnis*" (1889). Nesse último contexto da publicação, a descrição da forma universal da proposição foi novamente apresentada por Brentano como uma tese de fundo da sua teoria do conhecimento moral, bem como de sua "Psicologia descritiva" ainda em preparação.

O quarto capítulo, intitulado "O Conceito de verdade (1889)", apresenta a tradução da conferência "*Über der Begriff der Wahrheit*", oferecida à Sociedade Jurídica de Viena em 1889, e publicada como primeiro capítulo da obra *Wahrheit und Evidenz,* (Hamburg, Felix Meiner, 1930, p. 329). Ainda que tenha sido um trabalho resultante de uma conferência, esse texto apresentou a teoria brentaniana da "verdade como evidência", a qual tinha como base uma interpretação original da clássica definição aristotélica da "verdade como correspondência", compreendida como "*adaequatio rei et intelectus*". O texto "O Conceito de verdade" foi publicado em 2013, como livro homônimo, pela Editora Bookess e em 2014 pela Editora Centro Universitário Municipal de São José.

O quinto capítulo, intitulado "Sobre o caráter apriorístico do princípio ético (1904)", publicado pela primeira vez na *Ethic@ - An International Journal for Moral Philosophy* (v. 5, n. 1, 2013, p. 169 - 172) apresenta a tradução do texto "*Über den apriorischen Charakter der ethischen Prinzipien*". Trata-se da tradução de uma carta enviada por Franz Brentano à Oskar Kraus, em 24 de março de 1904, na qual Brentano afirma o caráter apriorístico do princípio ético e expõe o fundamento do seu realismo moral.

O sexto capítulo, intitulado "O Psicologismo: Ou o porquê não sou um psicologista (1911)", publicado pela primeira vez na *PERI – Revista de Filosofia* (v. 5, n. 1, 2013, p. 169 – 172), apresenta a tradução do texto "*Vom Psychologismus*", que foi publicado como um apêndice da 2ª edição do "*Psychologie vom empirischen Standpunkt*" em 1911. Nesse trabalho, Franz Brentano posicionou-se sobre "a polêmica acerca do psicologismo" *(Psychologismusstreit)* ao refutar veementemente o rótulo de *psicologista* que suspeitou ter lhe sido atribuído por Edmund Husserl, um dos nomes mais influentes naquela que viria a ser conhecida como Escola de Brentano. Tratava-se, em certo sentido, de uma resposta textual de Brentano a uma possível crítica husserliana levantada contra sua teoria do conhecimento, a saber, uma possível crítica a um tipo específico de psicologismo epistemológico, que a remetia ao relativismo.

O sétimo capítulo, intitulado "Epicuro e a guerra (1916)" - publicado pela primeira vez como apêndice do artigo "Epicuro e a guerra: dois avisos de Brentano para um Brasil em colapso", na *Guairacá - Revista de Filosofia* (v. 37, n. 1, p. 241 - 253, 2021), apresenta a tradução do texto "*Epikur und der Krieg*". Trata-se de um pequeno texto de Franz Brentano, sobre a 1ª Guerra Mundial, escrito em 1916 como nota de repúdio ao artigo homônimo publicado por Paul Hiestand, no "*Internationale Rundschau*", em 10 de dezembro de 1915. O ponto central da crítica brentaniana sustentava que, sob a correta tese defendida por Hiestand, (a saber, a tese de que se inverte a relação entre meios e fim ao se tomar a vida dos indivíduos como meio para prosperidade econômica ou política do Estado), há um ataque infundado ao verdadeiro espírito cristão filosófico. Em uma defesa curta e direta do teísmo filosófico, Brentano responsabiliza o egoísmo epicurista defendido por Hiestand pela origem da 1ª Guerra em andamento.

Finalmente, o último capítulo apresenta uma breve biografia das pesquisadoras e dos pesquisadores que contribuíram com a realização do presente livro. Em nome desse seleto grupo desejo aos leitores as boas-vindas aos meandros do pensamento brentaniano.

Evandro O. Brito

AS TESES DE HABILITAÇÃO - DIE HABILITATIONSTHESEN (1866)[1]

[A partir da publicação do texto *Die Habilitationsthesen (1866)*,] é interessante que todos aqueles que conhecem o Brentano tardio tenham também uma ideia do início de seu desenvolvimento filosófico. No entanto, se quisermos apreciar as teses corretamente, devemos ter sempre em mente que o filósofo tinha acabado de completar 28 anos naquela época e ainda não havia superado seus laços eclesiásticos. [Além isso,] é interessante observarmos [alguns detalhes prévios sobre] essas 25 teses de habilitação.

As primeiras quatro teses tratam de questões metodológicas; em seguida as teses 5 a 11 tratam de problemas ontológicos e metafísicos, ou seja, entre as teses 5 e 8 estão as questões de teologia natural e cosmologia, nas teses 9 e 10 estão as aporias da teoria da continuidade, na tese 11 está uma questão que diz respeito tanto à teoria da continuidade quanto à psicologia, as teses 12 a 15 tratam de questões psicológicas, sendo que a tese 15 trata [especificamente] de um dos problemas mais controversos.

Essa tese se ocupa de um dos problemas mais controversos da psicologia aristotélica, a doutrina do *noûs poietikós*,

---

[1] Este texto foi publicado pela primeira vez na *Guairacá - Revista de Filosofia*, Guarapuava-PR, v. 33, n. 2, p. 160-168, 2017. DOI 10.5935/2179-9180.20170019. Trabalharam na sua tradução Evandro O. Brito (UNICENTRO), Ernesto M. Giusti (UNICENTRO) e Camila Bozzo Moreira (UFPR).

que tem significado histórico e ainda hoje é, em sua maioria, mal interpretada. As teses 16 a 21 fazem afirmações lógicas e linguísticas filosóficas bem como críticas linguísticas, as teses 22 e 23 tratam de questões éticas, incluindo a questão do livre arbítrio, e as teses 24 e 25 tratam das doutrinas básicas da estética. - Assim, todas as áreas da filosofia foram envolvidas no círculo de disputa [na defesa da habilitação].

Brentano sempre admitiu que Aristóteles foi o filósofo com quem ele mais aprendeu, pois na filosofia contemporânea, quando jovem, ele só encontrou "galimatias" indescritíveis. Só tardiamente a filosofia inglesa e francesa lhe ofereceria inspiração, em particular, Comte e Spencer. As teses o mostram acima de tudo como um aristotélico. Pouco antes [da sua publicação], aos 26 anos de idade, ele havia escrito a obra "*Von der mannigfachen Bedeutung des Seienden bei Aristoteles*" ("Sobre os múltiplos significados do ser em Aristóteles"), uma conquista que lhe valeu o profundo reconhecimento de seu professor Trendelenburg. Nela, ele foi o primeiro a conseguir dar uma interpretação da teoria das categorias de Aristóteles e a mostrar que não se tratava de divisões gramaticais montadas aleatoriamente. Pouco depois de sua habilitação, foi publicada a "Psicologia de Aristóteles". O imenso domínio histórico do conteúdo, que lhe permitia estabelecer relações entre as partes mais remotas da obra de Aristóteles, a clareza da apresentação, a perspicácia que não só iluminava o mais obscuro, mas também completava o que se perdeu, adivinhava o não dito, foi mostrado de uma forma verdadeiramente surpreendente. É natural, portanto, que as teses tenham também o selo aristotélico.

Mas longe de qualquer crença em autoridade, elas mostram claramente o impetuoso desejo de liberdade do filósofo sacerdote.

As teses começam com um duplo protesto, uma dupla rebelião: filosofia é ciência e como tal deve protestar contra ser considerada como especulação, mas deve também protestar contra ser dependente da teologia e da revelação. Brentano começou sua carreira com este protesto. Sua convicção teológica, sua fé, a qual ele ainda mantinha, obrigava-o a fazer apenas uma concessão, que as verdades estabelecidas teologicamente são adequadas para servir "como indicadores" filosóficos. Mas, a fim de proteger imediatamente esta concessão contra interpretações incorretas, ele acrescentou: "O verdadeiro método da filosofia não é outro senão o das ciências naturais".

Aqui foi a "Filosofia primeira" de Aristóteles, a Metafísica, cujo método lhe dizia respeito acima de tudo, e cujos desrespeitos por parte dos autores do sistema especulativo despertaram seu desgosto.

Uma visão de mundo baseada na experiência foi o objetivo de sua pesquisa desde o início. Ele retomou o método platônico-aristotélico. Ele defendeu a prova cosmológica (físico-teológica) contra os ataques de Kant. Ele rejeitou o método místico, não menos que o sensualismo. Ele considerou questionável a teoria Newtoniana-Kantiana do espaço.

A *Psicologia a partir de um ponto de vista empírico* estava anunciada, bem como, da mesma forma, a reforma da silogística (tese 21) e o tratamento linguístico-crítico da dominante doutrina do juízo. Seus animados interesses estético-artísticos se fazem sentir nas duas últimas teses.

Se compararmos *As Teses de habilitação* com o ponto de vista posterior de Brentano, verificamos que ele rejeitaria apenas as teses 3 e 23, por exemplo. Em algumas das outras, ele faria acréscimos e às vezes mudanças significativas na argumentação.

Na tese 20, por exemplo, não só o "juízo disjuntivo" seria negado como uma forma especial de juízo, mas também o "hipotético". - A Tese 13, que ele tomou emprestado de Locke-Leibniz-Hume, tornou-se o princípio metodológico mais importante para toda a formação de conceitos.

As teses já revelavam o que constituiu o significado histórico de Brentano: ele retomou a tradição científica interrompida pelos autores do sistema especulativo, apenas para lançar imediatamente ao mar o que era autoritário sobre esta tradição. Ele não praticou a crítica da razão, que, na medida em que é razão, não está sujeita à crítica, mas é o próprio órgão praticante da crítica, e se voltou para a crítica do juízo e da linguagem, o que o levou à reforma da lógica aristotélica.

Oskar Kraus

AD DISPUTATIONEM

QUA

THESES

GRATIOSI PHILOSOPHORUM ORDINIS CONSENSU

ET AUCTORITATE

PRO IMPETRANDA VENIA DOCENDI

IN

ALMA UNIVERSITATE JULIO-MAXIMILIANA

DEFENDET

ET AD

PRAELECTIONEM INAUGURALEM PUBLICAM

AB

AMPLISSIMO PHILOSOPHDRUM ORDINE WIRCEBURGENSI

PROPOSITAM

ATQUE

PRIDIE IDUS JULIAS MDCCCLXVI

INDE AB HORA X PROMERIDIANA

IN AULA ACADEMICA HABENDAM

OMNI QUA PAR EST HUMANITATE INVITAT

FRANCISCUS BRENTANO

DOCTOR PHILOSOPHIAE

MARIENBERGENSIS

ASCHAFFENBURG II

TYPIS J. W. SCHIPNERI

Tese 1

- A filosofia deve protestar contra a divisão das ciências em especulativas e exatas, e a legitimação desse protesto está no direito de sua própria existência.

- Die Philosophie muss protestieren gegen die Einteilung der Wissenschaften in spekulative und exakte, und die Berechtigung dieses Protestes ist das Recht ihrer Existenz selbst.

- Philosophia neget, oportet, scientias in speculativas et exactas dividi posse; quod si non recte negaretur, esse earn ipsam jus non esset.

Tese 2

- A filosofia deve protestar contra o descaramento de tirar seus princípios da teologia e contra a asserção de que, somente por meio da existência de uma revelação sobrenatural, torna-se possível o fecundo filosofar.

- Die Philosophie muss protestieren gegen die Zumutung, ihre Prinzipien der Theologie zu entnehmen, und gegen die Behauptung, dass durch die Existenz einer übernatürlichen Offenbarung ein fruchtbares Philosophieren erst möglich wird.

- Philosophia et eos, qui eam principia sua a Theologia sumere volunt, et eos rejicere debet, qui, nisi sit supernaturalis revelatio, eam omnem operam perdere contendunt.

Tese 3

- No entanto, é correto que as verdades teologicamente estabelecidas da pesquisa filosófica são adequadas para servir como sinais.

- Nichtsdestoweniger ist es richtig, dass die theologisch festgestellten Wahrheiten der philosophischen Forschung als Fingerzeige zu dienen geeignet sind.

- Nihilominus verurn est, sententias Theologia probatas eas esse, quae philosophis quasi stellae rectrices sint.

Tese 4

- O verdadeiro método da filosofia não é outro senão aquele das ciências naturais.

- Die wahre Methode der Philosophie ist keine andere als die der Naturwissenschaften.

- Vera philosophiae methodus nulla alia nisi scientiae naturalis est.

Tese 5

- A pluralidade no mundo refuta o panteísmo e a unidade nesse, o ateísmo.

- Die Vielheit in der Welt widerlegt den Pantheismus und die Einheit in ihr den Atheismus.

- Rerum multitudo pantheismum, unitas atheismum refutat.

Tese 6

- Kant erra ao alegar que o argumento físico-teológico não resulta em uma inteligência criadora, ainda que também em uma inteligência ordenadora.

- Kant irrt, indem er behauptet, der physiko-theologische Beweis ergebe keine schaffende, wann auch eine ordnende Intelligenz.

- Errat idem et in eo, quod dicit, si Deum ereatorem esse probatum sit, inde infinitam ejus perfectionem non sequi.

Tese 7

- E ele também erra novamente ao dizer que, caso Deus seja demonstrado como criador, isso ainda não implica sua infinita perfeição.

- Und weiter irrt er auch darin, dass er sagt, wenn Gott als Schöpfer erwiesen sei, so folge hieraus noch nicht seine unendliche Vollkommenheit.

- Errat idem et in eo, quod dicit, si Deum ereatorem esse probatum sit, inde infinitam ejus perfectionem non sequi.

Tese 8

- Não há um número ilimitado de mundos, ou mesmo uma pluralidade, tampouco o mundo é de extensão ilimitada.

- Weder gibt es eine unbegrenzte Zahl oder überhaupt eine Mehrzahl von Welten, noch ist die Welt von unbegrenzter Ausdehnung.

- Est neque infinitus numerus aut omnino mundorum multitudo, nee mundus infinitae extensionis est.

Tese 9

- A suposição de um espaço vazio, tal como ensinam as teorias atomistas antiga e moderna, é impossível, não só porque o conceito de um espaço vazio conteria uma contradição, como também porque é impossível ação[1] por meio do espaço vazio.

- Die Annahme eines leeren Raumes, wie ihn die ältere und neuere Atomistik lehrt, ist unmöglich, nicht sowohl darum, weil der Begriff eines leeren Raumes einen Widerspruch enthielte, als darum, weil Wirkung durch leeren Raum unmöglich ist.

- Fieri non potest, ut sit vacuum spatium, quale id esse philosophi et antiquires et recentiores, qui atomorum doctrinam sequuntur docent, non tam propterea quod vacui spatii nomen nomen contradictionem habeat, quam quod per vacuum spatium nihil effici possit.

---

[1] Segundo Oskar Kraus, foi a partir dos fundamentos da física que Brentano declarou impossível a hipótese de um "espaço vazio". Como a principal razão, ele via a impossibilidade de uma ação instantânea a distância, não o absurdo intrínseco do termo.

Tese 10

- Os paralogismos de Zenon, mais precisamente, os três primeiros deles, são enganosos na medida em que consideram o contínuo como grandeza discreta.

- Die Paralogismen Zenos, genauer gesagt, die drei ersten unter ihnen, täuschen dadurch, dass sie das Kontinuum als diskrete Größe behandeln.

- Zenonis paralogismi, vel ut accuratius dicam, eorum, tres priores eo fallunt, quod continuum tanquam magnitudinem discretam tractant.

Tese 11

- Quem aceita a imortalidade da alma animal também deve aceitar que há animais com muitas (com de fato uma infinidade de) almas.

- Wer die Unsterblichkeit der Tierseele annimmt, muss auch annehmen, dass es Tiere mit vielen, ja unendlich vielen Seelen gebe.

- Qui brutorum animalium animam immortalem esse dicit, idem dicat necesse est, esse bestias multis atque adeo innumerabilibus animis praeditas.

Tese 12

- Há tantas faculdades da imaginação quanto há faculdades dos sentidos; e as espécies imaginadas estão nos próprios sentidos.

- Es gibt so viele Vermögen der Phantasie als es Sinnesvermögen gibt, und die Phantasiebilder sind in den Sinnen selbst.

- Sunt tot imaginandi quot sentiendi facultates, et imaginationis species in sensibus ipsis insunt.

Tese 13

- Nada está no intelecto que não tenha estado anteriormente em um sentido, exceto o próprio intelecto.

- Nichts ist im Verstande, was nicht früher in einem Sinne war, der Verstand selbst ausgenommen.

- Nihil est in intellectu, quod non prius fuerit in sensu, nisi intellectus ipse.

Tese 14

- Alguns negam ao homem toda faculdade cognitiva exceto os sentidos. Outros concedem a ele uma maioria de forças cognitivas extra-sensoriais. Ambos estão errados.

- Von manchen wird dem Menschen jedes erkennende Vermögen außer den Sinnen abgesprochen, von anderen eine Mehrheit übersinnlicher Erkenntniskräfte ihm zugesprochen. Beides mit Unrecht.

- Sunt qui homini praeter sensus omnem cognoscendi facultatem denegent; alii ei plures, quae sensuum fines supergrediantur, cognoscendi facultates tribuunt; utrique errant.

Tese 15

- O *nous poiêtikos* de Aristóteles não é força cognitiva, mas uma força eficiente.

- Der *nous poiêtikos* des Aristoteles ist keine erkennende, sondern eine wirkende Kraft.

- *Nous poiêtikos* Aristotelis non cognoscens sed efficiens vis est.

Tese 16

- É falso que, acerca do gênero e da diferença, a um não seja permitido conter o outro. Pelo contrário, o gênero contém cada diferença específica, e a última diferença é igual à definição completa.

- Es ist falsch, dass von Gattung und Differenz die eine die andere nicht enthalten dürfe. Vielmehr enthält jede spezifische Differenz, das Genus, und die letzte Differenz ist gleich der ganzen Definition.

- Falsum est, ut in genere differentia non sit, ita in differentia genus esse non licere; omnis potius differentia specifica genus continet, et ultima differentia toti definitioni par est.

Tese 17

- Não há definição de acidente no sentido estrito da palavra, é-nos absolutamente impossível definir uma substância.

- Eine Definition für Akzidentien im strengen Sinne des Wortes gibt es nicht, eine Substanz zu definieren ist uns aber ganz unmöglich.

- Accidentia, si verbi vim urgeas, definitionem excludunt; definire substantiam prorsus non possumus.

Tese 18

- Não se pensa inteiramente naquilo que se fala; e até mesmo os pensadores mais rigorosos não se importam em fazê-lo, mesmo quando de uma argumentação acurada.

- Man denkt nicht vollständig, was man spricht, und selbst die strengsten Denker pflegen dies nicht zu tun, auch bei genauester Beweisführung.

- Non plene, quod loquimur, cogitamus; et ne ii quidem, qui acerrime cogitant, quantumvis accurate argumententur, id facere consuerunt.

Tese 19

- Bem longe de a linguagem ser um obstáculo ao pensar, como diz Herbart, e só nos ser útil para a comunicação, ela também realiza ajuda essencial para o pensamento individual.

- Weit entfernt, dass, wie Herbert meint, die Sprache uns nur als Verkehrsmittel förderlich sei, beim Denken aber uns zum Hindernisse werde, leistet sie vielmehr auch für das Denken des einzelnen wesentliche Hilfe.

- Adeo non, id quod Herbarto videbatur, oratio nobis commercio tantum est, in cogitando autem impedimento fit, ut etiam singulorum cogitationem egregie adjuvet.

Tese 20

- O juízo disjuntivo é um juízo hipotético composto, a conclusão disjuntiva não é, portanto, nenhuma forma especial, mas uma representação imperfeita de uma conclusão hipotética.

- Das disjunktive Urteil ist ein zusammengesetztes hypothetischen Urteil, der disjunktive Schluss ist daher keine besondere Form, sondern unvollkommene Darstellung eines hypothetischen Schlusses.

- Judicium disjunctivum est compositum judicium condicionale; quare syllogismus disjunctivus non própria forma, sed nihil nisi imperfecta syllogismi condicionalis enuntiatio est.

Tese 21

- Há conclusões de uma premissa.

- Es gibt Schlüsse aus einer Prämisse.

- Sunt conclusiones ex una enuntiatione praemissa natae.

Tese 22

- É falso que o homem seja, por natureza, de certo modo egoísta, que ele não possa amar algo mais do que a si mesmo.

- Es ist falsch, dass der Mensch von Natur aus in der Art Egoist sei, dass er etwas anderes nicht mehr lieben könne als sich selbst.

- Falsum est, hominem natura sic sui amantem esse, ut nullius rei quam sui ipsius amantior esse possit.

Tese 23

- Por meio de considerações metafísicas, muitos, como Spinoza, tentaram refutar a crença involuntariamente impositiva na liberdade da vontade. Pelo contrário, considerações metafísicas servem de confirmação dessa crença.

- Durch metaphysische Betrachtungen haben viele, wie Spinoza, den sich unwillkürlich aufdrängenden Glauben an die Freiheit des Willens widerlegen wollen. Im Gegenteil dienen metaphysische Betrachtungen diesem Glauben zur Bestätigung.

- Considorationibus metaphysicis multi, sicut Spinoza, arbitrii libertatis opinionem, quam vix effugeris; refellere conati sunt; at contra considerationes metaphysicae hanc opinionem confirmant.

Tese 24

- Os conceitos de bom e de belo se diferem na forma como denominamos algo bom, na medida em que é desejável, e belo na medida em que sua aparência é desejável.

- Die Begriffe des Guten und des Schönen unterscheiden sich in der Art, dass wir etwas gut nennen, insofern es begehrenswert ist, schön aber, insofern sein Erscheinen begehrenswert ist.

- Boni et pulchri notiones sic inter se differunt, ut bonum id quod expetendum, pulchrum autem, cujus apprehensio expetenda sit dicamus.

Tese 25

- A representação trágica preferida e peculiarmente atraente é primeiramente uma olhadela na beleza interior do homem e no exercício de um poder divino superior. Secundariamente, no entanto, são os movimentos que, dolorosamente despertados na alma do observador, oferecem, porém, um duplo prazer, primeiro porque são nobres e sublimes, segundo também porque neles se derrama um luto moderado e se encontra alívio.

- Das vorzugsweise und eigentümlich Anziehende tragischer Darstellungen ist zunächst der Einblick in die innere Schönheit des Menschen und in das Walten einer höheren göttlichen Macht. Sekundär aber sind es die Bewegungen, die, in der Seele des Betrachtenden schmerzlich erregt, dennoch doppelten Genuss gewähren, einmal, weil sie edel und erhaben sind, dann aber auch, weil eine verhaltene Trauer in ihnen sich ergießt und Erleichterung findet.

- Praecipue ac peculiariter hominum animos tragoediae primum eo delectant, quod interiorem hominis decorem et majoris cujusdam potentiae divinae numen introspiciendi potestatem faciunt; deinde autem eos motus delectant, qui in eorum, qui spectant, animis cum dolore excitati duplicem tamen voluptatem praebent, tum quod genorosi ae sublimes sunt, tum, quod dolor, qui intus haeret, in eis effunditur et levatur.

Referências

BRENTANO, Franz. *Über die Zukunft der Philosophie (nebst den Vorträgen Über die Gründe der Entmutigung auf philosophischem Gebiet · Über Schellings System sowie Den 25 Habilitationsthesen).* Felix Meiner, Hamburg, 1968.

______. As teses de habilitação – *Die Habilitationstheses.* Tradução de Evandro O. Brito, Ernesto M. Giusti, Camila Bozzo Moreira. *Guairacá - Revista de Filosofia,* Guarapuava-PR, v. 33, n. 2, p. 160-168, 2017. DOI 10.5935/2179-9180.20170019

SOBRE O CONCEITO E A TAREFA DA CIÊNCIA PSÍQUICA (1874)[1]

O que, no começo, parecia ser a elucidação bem-conhecida e evidente para o que está oculto e o que posteriormente, entre outros, misteriosamente despertou admiração e curiosidade - sobre o que os grandes pensadores da antiguidade em maior medida se dedicaram com assiduidade e sobre o que, ainda hoje, pouquíssimo se alcançou em acordo e clareza - são os fenômenos que eu também novamente investigarei mais atentamente e dos quais busco aqui oferecer, em termos gerais, um quadro correto de suas características e leis. Nenhum ramo da ciência produziu tão poucos frutos para o conhecimento da natureza, e da vida, e não há nenhum outro do qual esperamos a satisfação de necessidades essenciais. Não há nenhuma área do conhecimento - exceto apenas a metafísica -, que a maioria costuma olhar com maior desprezo, mas não há nenhuma que seja considerada tão suprema e valiosa por alguns. Além do mais, todas as outras ciências devem parecer dignas principalmente porque abrem o caminho para essa ciência; e todo o reino de verdade pareceria pobre e desprezível se não fosse também definido para cobrir conjuntamente esse campo. As outras ciências são, de fato, o alicerce: esta se assemelha à coroada conclusão. Todas a preparam; ela depende de todas. No entanto, ela também deve, por sua vez, exercer a influência mais poderosa sobre todas elas. Ela deve

---

[1] Este texto foi publicado pela primeira vez na *PERI - Revista de filosofia*, v. 09, n. 01, 2017, p. 239 - 261. Trabalharam na sua tradução Evandro O. Brito (UNICENTRO), Emanuel Lanzini Stobbe (UNICAMP/*Martin-Luther-Universität Halle-Wittenberg*. Este trabalho contou também com a revisão textual de Adriano Picoli (UFSC).

renovar a vida inteira da humanidade; acelerar e assegurar o progresso. E se, por um lado, ela parece ser a cúpula sobressaliente do edifício da ciência, por outro lado, ela tem a tarefa de se tornar a base da sociedade, dos seus bens mais nobres, e, com isso, se tornar, também, a base de toda pretensão dos pesquisadores.

§ 1. Definição da psicologia como ciência da alma

O nome Psicologia significa: *ciência da alma*. De fato, Aristóteles, o qual foi o primeiro a classificar a ciência e expor seus ramos particulares em diferentes escritos, intitulou uma de suas obras: *Peri Psychês*. Ele entendeu por alma a natureza ou, como ele preferiu expressar, a forma, o ato primeiro, a perfeição primeira de um vivente. Ele nomeou de vivente, no entanto, o que se nutre, cresce, reproduz e é sensivelmente e intelectualmente ativo, ou também está, apenas, capacitado para qualquer uma dessas funções. Bem longe de atribuir consciência a uma planta, ele considerou, também, o reino vegetal como vivo e animado. E assim, o trabalho mais antigo em psicologia, depois de estabelecer o conceito de alma, tratou das características mais gerais, as quais não somente se referem às atividades vegetativas, como ainda se referem às suas atividades sensoriais ou intelectuais, que correspondem às coisas, nas quais tomam parte.

Esta foi a esfera de questões que a psicologia abarcou originalmente. Com o tempo, o seu campo foi muito reduzido. Os psicólogos não mais falaram das atividades vegetativas. Todo o reino da vida vegetal, dado que carecia de consciência, não mais pertencia ao âmbito da sua investigação e, do mesmo modo, o reino dos animais ficou fora da sua esfera à medida que tais, como as plantas e os corpos inorgânicos, são objetos da percepção externa, colocando-o fora de sua esfera. Isso também valeu para os casos onde tais fenômenos se colocam em estrita relação com a vida sensitiva, como aqueles do sistema nervoso e muscular. Foi então ao fisiólogo, e não ao psicólogo, a quem coube a investigação sobre esse campo.

Não se tratava de uma limitação arbitrária. Pelo contrário, ela se parece com uma correção evidente exigida pela natureza mesma do tema. Pois, apenas quando as linhas de fronteira das ciências estão traçadas corretamente, e apenas quando a sua divisão é útil para o progresso do conhecimento, se une o aparentado e o menos aparentado é separado. E aparentados em excelente medida estão os fenômenos da consciência. O próprio modo de percepção nos dá todo conhecimento acerca dos fenômenos e, superiores e inferiores, são aproximados um dos outros através de numerosas analogias. O que, no entanto, a percepção externa nos mostra dos seres vivos, nós os vemos de outro ângulo, bem como de um modo completamente diferente, e os fatos gerais, os quais nós encontramos aqui, são às vezes as leis mesmas, às vezes leis parecidas como aquelas, que vemos reger a natureza.

Poder-se-ia dizer, e não sem alguma razão, que o próprio Aristóteles já sugeriu esta delimitação mais tardia e correta dos limites da psicologia. Aqueles que o conhecem sabem quão frequentemente ele conecta tais princípios de uma concepção diferente e mais correta com a exposição de uma doutrina menos desenvolvida. Tanto sua metafísica, quanto sua lógica e ética fornecem provas disso. No terceiro livro do seu tratado sobre a Alma, ali onde ele trata de movimentos voluntários, ele rejeita investigar os órgãos intermediários entre o desejo e o membro para a qual o desejo está dirigido em seu movimento. Pois tal investigação, diz ele, na medida em que fala exatamente como um psicólogo moderno, não pertence ao tema de estudo daquela, da alma, mas sim daquele, do corpo. Isso tudo de passagem, portanto, talvez para tornar mais fácil convencer um ou outro discípulo entusiasmado de Aristóteles que exista ainda em nosso tempo.

Nós vimos como o campo da psicologia se estreitou. Ao mesmo tempo, porém, o conceito de vida também se estreitou ou, se não esse conceito - pois os homens da ciência costumam usar muito esta palavra em seu amplo sentido original –, pelo menos, em todo caso, o conceito de alma de uma maneira completamente análoga.

O novo uso corrente da língua entende por *alma*, a saber, o portador substancial das representações e outras características, as quais, como as representações, são imediatamente percebidas apenas por meio da experiência interna, e para as quais as representações formam a base; por conseguinte, costuma-se chamar *alma* o portador substancial de uma sensação, por exemplo, uma fantasia, de um ato de lembrança, de um ato de esperança ou receio, de desejo ou aversão.

Nós também usamos o nome *alma* nesse sentido. E parece que nada nos impede, apesar da mudança de versão, se ainda hoje nós também definimos o conceito de psicologia com as mesmas palavras com que outrora Aristóteles o definiu, na medida em que nós dizemos que ela seria a ciência da alma. Semelhante à ciência da natureza, a qual investiga as propriedades e leis dos corpos que se referem à nossa experiência externa, ela parece então com a ciência que ensina as características e leis da alma, as quais nós encontramos imediatamente em nós mesmos por meio da experiência interna e, por meio de analogia, também inferimos em outros.

Assim, por essa versão, os dois ramos da ciência indicados parecem dividir plenamente entre si o campo das ciências empíricas gerais e distinguir um do outro em limite preciso.

Contudo, a primeira [dessas afirmações], pelo menos, não é o caso. Há fatos que são demonstráveis da mesma maneira nos dois domínios da experiência externa e interna. E essas amplas leis, justamente por causa de sua ampla extensão, nem se tornam propriamente os objetos das ciências naturais, nem os da psicologia. Enquanto elas pertencem com igual direito a uma e à outra ciência, mostra-se contrariamente que elas não pertencem a nenhuma delas. Elas também são suficientemente numerosas e significativas para se ocupar de um campo especial de investigação e esse ramo é a metafísica, a qual nós distinguimos da ciência da natureza e da ciência psíquica.

Mas também a separação dos dois campos menos gerais sob os três grandes campos da ciência não está completa. Como em outras partes, onde duas ciências se tocam, aqui também não pode faltar a questão de fronteira entre as ciências da natureza e psíquica. Pois os fatos, os quais o fisiólogo considera, e aqueles, os quais o psicólogo considera, estão na mais íntima correlação, apesar de toda diferença de caráter. Nós encontramos propriedades físicas e psíquicas unidas em um e mesmo grupo. Não apenas os estados físicos são causados por estados físicos e os estados psíquicos por psíquicos, mas também estados físicos têm consequências psíquicas e estados psíquicos têm consequências físicas.

Alguns distinguiram uma ciência específica, a qual se ocupou destas questões. Especialmente Fechner, que denominou de psicofísica este campo da ciência e chamou de "lei fundamental da psicofísica" a famosa lei básica estabelecida a partir deste campo. Outros deram preferência à designação menos feliz, "psicologia fisiológica".

Deste modo, colocar-se-ia fim às disputas de limite entre a psicologia e a fisiologia. No entanto, não se colocará, em seu lugar, novas e ainda mais numerosas disputas entre a psicologia e a psicofísica, por um lado, e entre a psicofísica e fisiologia do outro? - Ou não é evidentemente matéria do psicólogo determinar os primeiros elementos dos fenômenos psíquicos? - e então, caberá também aos psicofísicos estudá-los, pois são estímulos físicos que provocam as sensações. E, não é tarefa do fisiólogo retroceder por uma cadeia contínua até a origem dos fenômenos espontaneamente produzidos, como o movimento de reflexo? - e então o psicofísico também buscará as primeiras consequências físicas de causas psíquicas.

Por isso, é melhor que não nos escandalizemos com a necessidade de interferência recíproca entre fisiologia e psicologia. Elas não serão maiores do que aquelas, as quais observamos, por exemplo, também entre física e química. Elas nada provam contra a exatidão da determinação de limite realizada, senão apenas mostram que, como em qualquer outra, não importa quão boa seja a divisão das ciências, também essa tem em si algo artificial. Não se tornará necessário de forma alguma duplicar, doravante, a série completa das chamadas questões psicofísicas, ou seja, versar sobre elas tanto na fisiologia quanto na psicologia. Deixar-se-á demonstrar facilmente em cada uma dessas questões, em qual campo reside a dificuldade essencial, cuja solução é dada quase com a solução da própria questão. Assim, por exemplo, em todos os casos será matéria do psicólogo averiguar os primeiros fenômenos psíquicos provocados pela excitação física, quando ele também aí não puder prescindir de uma observação dos fatos fisiológicos. Da mesma forma, no caso dos movimentos voluntários dos corpos, ele terá que determinar o último e imediato antecedente psíquico de toda a série de mudanças físicas que estão ligadas a eles. Ao fisiólogo, ao contrário, caberá a tarefa de investigar a última e imediata causa física da sensação, ainda que ele, nesse caso, obviamente, precise contemplar o fenômeno psíquico. Em compensação, será também averiguado por ele o primeiro e último efeito no campo fisiológico, dos movimentos devidos a causas psíquicas.

Quanto à demonstração de uma relação progressiva nos aumentos das causas e efeitos físicos e psíquicos, a investigação das chamadas leis fundamentais da psicofísica, parece-me então que a tarefa se divide em duas, das quais uma compete aos fisiólogos, enquanto a outra é matéria dos psicólogos. A primeira consiste em determinar quais diferenças relativas na intensidade dos estímulos físicos correspondem às menores diferenças perceptíveis nas intensidades dos fenômenos psíquicos. No entanto, a segunda consiste em investigar qual é a relação de uma para com outra dessas mínimas diferenças perceptíveis. - Mas, a resposta para esta última pergunta não é imediata e completamente evidente? Não é claro que todas as mínimas diferenças perceptíveis sejam consideradas iguais umas às outras? - Isto é o que geralmente se aceitou e mesmo Wundt argumentou do seguinte modo em sua *Physiologischen Psychologie* (p. 295): "Uma tal diferença mínima de intensidade perceptível é ... um valor psíquico de magnitude constante. Pois se uma diferença mínima perceptível fosse maior ou menor que outra, então *ela seria maior ou menor que o mínimo perceptível,* o que é uma contradição". Wundt não nota que seu argumento é um círculo vicioso. Se alguém duvida que todas as diferenças mínimas perceptíveis sejam iguais entre si, então já não vale para ele o ser-mínimo-perceptível como propriedade característica de uma magnitude constante. É apenas verdadeiro e evidente *a priori* que todas as diferenças mínimas perceptíveis são *igualmente percebidas,* mas não que elas sejam *iguais.* Pois, todo aumento igual precisaria, então, ser igualmente percebido e, por isso também, todo aumento igualmente percebido precisaria ser igual. Isso, no entanto, resta a investigar agora, e essa investigação, a qual cabe ao psicólogo, visto que se trata de leis dos juízos comparativos, poderia oferecer um resultado completamente diferente do esperado. O fenômeno do deslocamento do disco lunar próximo ao horizonte é percebido como mais rápido do que quando ele está alto no céu, apesar de ambos serem temporalmente iguais em ambos os casos. De modo contrário, a primeira tarefa é, sem dúvida, matéria do fisiólogo. Observações físicas são aquelas que, aqui, chegam a ser empregadas em maior extensão. E, certamente não foi coincidência, se nós temos de agradecer a um fisiólogo de primeira categoria, como E. H. Weber, a primeira preparação, e a um físico de formação filosófica, como Fechner, o estabelecimento da lei em ampla extensão.

Assim, parece justificada, então, a definição conceitual da psicologia fornecida acima e sua posição para com as ciências vizinhas se tornou clara.

§ 2. Definição de psicologia como a ciência dos fenômenos psíquicos

Nem todos os psicólogos, no entanto, se declaram de acordo com o sentido acima indicado, quando alguns dizem que a psicologia é a ciência da alma. Pelo contrário, eles a definem como a *ciência dos fenômenos psíquicos* e eles colocam a psicologia no mesmo nível e junto à sua ciência irmã. Também a ciência da natureza, eles afirmam, não deveria ser definida como a ciência dos corpos, mas sim como a ciência dos fenômenos psíquicos.

Tornemos claro o fundamento desta objeção.

O que se pretende, quando se diz: ciência dos fenômenos físicos; ciência dos fenômenos psíquicos? Fenômeno, aparência, é usado frequentemente em oposição ao verdadeiro e real existente. Nós dizemos, então, que os objetos de nossos sentidos, assim como nos são apontados pela sensação, são meros fenômenos; cor, som, calor e sabor não existem real e verdadeiramente fora de nossas sensações, embora elas se refiram ao existente real e verdadeiro. John Locke já fez um experimento, no qual ele, tendo aquecido uma das mãos e resfriado a outra, submergiu a ambas simultaneamente no mesmo balde de água. Ele sentiu calor em uma das mãos e frio na outra, demostrando, com isso, que ambos não estavam verdadeiramente na água. É sabido, do mesmo modo, que a pressão no olho pode despertar os mesmos fenômenos luminosos que os raios, os quais emanam de um objeto colorido. E também em relação às determinações da localização espacial, é analogamente fácil reconhecer seu erro, quem as quer tomar por verdadeiras e reais, tal como elas aparecem. A uma mesma distância, diferentes determinações de localizações espaciais parecem iguais e a distâncias diferentes, iguais parecem diferentes. Com isso se relaciona o fato de se ver, seja o movimento como repouso, seja ao contrário o repouso como movimento. Portanto, há para os objetos da experiência sensorial a prova completa de sua falsidade. Se, no entanto, isso também não pudesse ser estabelecido tão claramente, dever-se-ia, contudo, duvidar de sua verdade, pois não haveria sido dada uma garantia para eles, com a hipótese de que, existindo na realidade um mundo, o qual provoca nossas sensações e com o qual, o que dele nos aparece, indica certa analogia, seria suficiente para esclarecer os fenômenos.

Assim, nós não temos direito de acreditar que os objetos da assim chamada percepção externa, tal como nos aparecem, também existam na verdade. Do contrário, eles não existem comprovadamente fora de nós. Eles são meros fenômenos, em oposição ao que verdadeiramente e realmente é.

No entanto, o que foi dito sobre os objetos da percepção externa não pode ser dito do mesmo modo dos objetos da percepção interna. Para esses, ninguém jamais mostrou que, quem toma seu fenômeno por verdade implica em contradição, mas sim que nós temos até mesmo aquele claro conhecimento de sua existência e aquela certeza, a qual é dada a partir da intelecção imediata. E, por isso, ninguém propriamente poderia duvidar se existe a substância psíquica, a qual percebe em si mesma, e se ela existe tal como a percebe. Quem aqui ainda pudesse duvidar, alcançaria uma dúvida absoluta, um ceticismo o qual certamente revogaria a si mesmo, à medida que ele também teria destruído aquele ponto firme, a partir da qual ele poderia tentar seu ataque ao conhecimento.

Portanto, não se pode exigir de modo razoável, para igualar nesse aspecto a ciência da natureza e a ciência psíquica uma à outra, que se defina a psicologia como ciência dos fenômenos psíquicos.

No entanto, é também um pensamento bem diferente o que comumente orienta aqueles que apoiam tal definição. Eles não negam que o pensar e o querer existam verdadeiramente. E eles usam a expressão fenômenos psíquicos, ou manifestações psíquicas, como sinônimos perfeitos de estados psíquicos, processos psíquicos e eventos psíquicos, tais como a percepção interna nos revela. No entanto, sua discordância contra a antiga definição também está relacionada ao fato de que, com ela, os limites do conhecimento não são compreendidos. Se alguém diz que a ciência natural é a ciência dos corpos, entendendo por corpo uma substância, a qual atua em nossos órgãos dos sentidos e produz representações de fenômenos físicos, então ele aceita que substâncias subjazem como causa dos fenômenos externos. E se alguém diz que a psicologia é a ciência da alma, e com isso designe com o nome alma o portador substancial de estados psíquicos, então ele expressa a convicção de que fenômenos psíquicos são considerados características de uma substância. Mas, o que autoriza aceitar tais substâncias? Diz-se que elas não são objetos de experiência. Nem a sensação e nem a percepção interna nos mostram uma substância. Como ocorre a nós os fenômenos do calor, cor e som, assim se apresentam a nós os fenômenos de pensar, sentir e querer. Nós não observamos um ser, ao qual eles aderem como características. É uma ficção que não corresponde a uma realidade, ou a qual não seria demonstrada, se lhe coubesse ter uma existência. Assim, ela não é evidentemente um objeto da ciência. Nem a ciência natural pode ser definida como ciência dos corpos e nem a psicologia pode ser definida como a ciência da alma, mas sim aquela deve ser concebida apenas como a ciência dos fenômenos físicos e a última, de modo semelhante, como a ciência dos fenômenos psíquicos. Não existe uma alma, ao menos para nós; no entanto, uma psicologia pode e deve, não obstante, existir; mas – para usar uma expressão paradoxal de Albert Lange – uma psicologia sem alma.

Vemos que a ideia não é tão absurda como o termo deixa parecer. A psicologia permanece também segundo esta visão com um amplo campo de investigação.

Isto é tornado claro com um relance na direção da ciência natural. Pois, todos os fatos e leis, os quais este ramo de investigação contempla segundo a concepção daquilo que vale como a ciência dos corpos, também deverão ser investigados segundo a visão daquilo que ele pretende reconhecer apenas como a ciência dos fenômenos físicos. Isso é o que realmente fazem, atualmente, muitos naturalistas importantes que formaram uma opinião sobre questões filosóficas, graças à notável corrente que agora aproxima filosofia e ciência da natureza uma à outra. Eles em nada restringem a extensão do campo das ciências da natureza. As leis de coexistência e de sucessão, as quais ela compreende segundo outros, também caem, segundo eles, em seu completo domínio.

Similarmente, isso se dá também com relação à psicologia. Também os fenômenos, os quais nos oferecem a experiência interna, estão sujeitos às leis. Reconhecem-na todos os que se ocupem com investigação científica psicológica. O leigo também a encontra fácil e rapidamente confirma na própria experiência. Essas leis de coexistência e sucessão de fenômenos psíquicos permanecem objetos de suas investigações, também segundo aqueles que negam à psicologia o conhecimento de uma alma. Com isso, é atribuído a ela um vasto reino de importantes tarefas, a maioria das quais ainda aguarda solução.

Para tornar a psicologia mais explícita e tal como ele a imagina, John Stuart Mill, um dos representantes mais determinados e influentes deste ponto de vista, ofereceu em sua *Lógica das ciências morais* uma sinopse sobre as questões com as quais ela se ocupou.

Como uma tarefa geral da psicologia, ele designou a investigação das leis de sucessão dos nossos estados psíquicos, ou seja, das leis segundo as quais um deles produz o outro.

Algumas dessas leis são gerais, outras especiais. Uma lei geral, por exemplo, seria a lei que, não importando por que causa dada, toda impressão psíquica tem como consequência um fenômeno semelhante a ela, mas também menos vívido, que poderia ser produzido na ausência da primeira excitação causal. Cada impressão, disse ele na linguagem de Hume, tem uma ideia. Do mesmo modo, haveria certas leis gerais, as quais determinariam a realização efetiva de tal ideia. E ele cita três dessas "leis de associação de ideias". A primeira é a lei de semelhança, "as ideias semelhantes buscam estimular-se entre si". A segunda é a lei da contiguidade, "quando dois fenômenos psíquicos tiverem sido experienciados em frequente ligação um com o outro, seja simultaneamente ou em sucessão imediata, e um fenômeno ou a ideia de um fenômeno retorna, ela busca estimular a outra". A última é a lei da intensidade, "uma vivacidade maior em uma ou em ambas as impressões, no que diz respeito ao mútuo estímulo, é equivalente à maior frequência da conjunção".

A tarefa da psicologia é, segundo Mill, deduzir dessas leis gerais e fundamentais dos fenômenos psíquicos, leis mais específicas e mais complexas de pensamento. Dado que vários fenômenos psíquicos, disse ele, muitas vezes agem em conjunto, então se impõe a pergunta: trata-se ou não, em todos os casos, de uma combinação de causas? Em outras palavras, efeitos e condições prévias relacionam-se sempre, como no campo da mecânica, onde movimento resulta de movimento, homogêneos às causas e em certa medida como sua soma? Ou o campo psíquico exibe também casos similares ao processo de mistura química, onde não são encontrados na água qualquer das características de oxigênio e hidrogênio, e no cinabre qualquer das qualidades características do mercúrio e do enxofre? O próprio Mill considerava provado que os dois tipos de casos ocorrem no campo dos fenômenos internos. Às vezes é um processo análogo ao da mecânica, mas às vezes é combinação análoga ao da química. Pois ocorre que diversas representações se fundem de modo que já não mais parecem várias, mas parecem uma representação simples de um tipo completamente diferente. Assim se desenvolveu, por exemplo, as representações do extenso e do espaço tridimensional a partir das sensações sinestésicas.

Uma série de novas pesquisas reúne-se neste ponto. Questiona-se, particularmente, se o estado de crença e, do mesmo modo, se o estado de desejo seria um caso de química psíquica, o resultado de uma fusão de representações. Talvez, pensa Mill, a resposta a essa pergunta seja negativa. No entanto, como ela sempre foi decidida também afirmativamente, em todo caso é certo que aqui se abrem campos completamente diferentes. E assim segue-se, pois, a nova tarefa de verificar as leis de sucessão desses fenômenos, com base em observações especiais, tenham elas resultado ou não de processos psicoquímicos. No que diz respeito à crença, se investigará quais crenças nós temos imediatamente e, além disso, segundo quais leis uma crença se segue da outra e segundo quais leis um fato é, com razão ou não, tomado como prova para outro. Em relação ao desejo, no entanto, antes de tudo a tarefa é investigar quais objetos nós originalmente e por natureza desejamos e, além disso, então, determinar as causas às quais nos levam a desejar coisas originalmente indiferentes ou, até mesmo, desagradáveis.

A tudo isto se agrega ainda outro rico campo, no qual a investigação psicológica começa se entrelaçar com a fisiológica mais do que em qualquer outra parte. O psicólogo, segundo Mill, também tem a tarefa de investigar até onde a produção de um estado psíquico por outro é influenciada por estados físicos demonstráveis. Um triplo fundamento seria imaginável para a diferente sensibilidade de pessoas diferentes, para com as mesmas causas psíquicas. Ela poderia ser fatos originais e últimos, ela poderia ser o resultado da história de sua vida interna prévia, ela poderia ser o resultado de uma organização física diferente. O olhar cuidadoso e crítico, pensa ele, reconheceria que a maior parte do caráter de uma pessoa encontraria sua explicação adequada na sua educação e nas circunstâncias exteriores. O restante seria estabelecido, de modo geral, apenas indiretamente pelas diferenças orgânicas. E, obviamente, isso vale na verdade não apenas para a inclinação à desconfiança que se costuma notar no surdo, à luxúria que se costuma notar no cego de nascença e à irritabilidade que se costuma notar no deficiente físico, mas também, do mesmo modo, para muitos outros casos menos fáceis de conceber. Também permanecem, como concede Mill, ainda outros fenômenos, como particularmente os instintos, os quais não são explicados de outro modo que imediatamente a partir da organização especial. Assim, nós vemos, então, como a psicologia assegurou um amplo campo também como etologia, isto é, como exposição das leis da construção do caráter.

Este é o resumo dos problemas psicológicos, o qual nos concede, a partir de seu ponto de vista, um dos importantes representantes da ciência exclusivamente fenomenal. E realmente em todas essas relações não ocorre um empobrecimento da psicologia por meio dessa modificada versão e segundo a visão a qual conduz a ela. Do contrário, às questões, às quais J. St. Mill coloca, e àquelas que ali se encontram implicadas, deixam-se acompanhar de outras não pouco significativas. Não faltam, então, grandes trabalhos para os psicólogos dessa escola e nos nossos dias contam-se, entre eles, homens os que fazem valer frente a outros o desenvolvimento da ciência.

Não obstante, *uma* questão parece, no mínimo, excluída e ela é de tal importância que apenas a sua falta ameaça deixar uma grave lacuna. Justamente *a* investigação, a qual a antiga psicologia considerou como sua nobríssima tarefa, justamente *a* questão, a qual incitou primeiramente à investigação psicológica, parece não poder ser mais realizada por tal concepção. Eu me refiro à questão sobre a continuação depois da morte. Quem conhece Platão sabe como o desejo para se assegurar a verdade a respeito dessa questão, antes de qualquer outra, o introduziu nesse campo. Seu Fédon é dedicado a ela e outros diálogos, como o Fédro, o Timeu e a República, tomam-na novamente em consideração. A mesma questão prossegue com Aristóteles. Na verdade, ele expõe seu fundamento para a imortalidade com poucos pormenores. Mas estaria errado, quem quisesse concluir disso, que a questão foi para ele de menor importância. Em sua lógica, onde a doutrina do apodítico ou a demonstração científica deveria ser necessariamente a mais significativa, ele a condensa, porém, em poucas páginas nos Segundo Analíticos, em explícita oposição a outras discussões amplas e extensas. Na Metafísica, ele fala da divindade apenas nas poucas frases curtas do último livro. E, embora estas reflexões valessem declaradamente como essenciais para ele, é verdade que ele atribuiu à totalidade da ciência além dos nomes de Sabedoria e Filosofia primeira também diretamente o de Teologia. Assim, também no Livro sobre a Alma, ele trata do espírito na humanidade e sua imortalidade apenas brevemente e, mesmo aqui, ele as menciona de passagem. No entanto, que elas pareçam, para ele, como o objeto mais importante da psicologia diante de todos os outros, indica claramente o conjunto de questões psicológicas no início da obra. Ali nós ouvimos que seria assunto do psicólogo, antes de tudo, investigar o que é a alma, em seguida, então, investigar suas propriedades, das quais algumas parecem aderidas a ela, como espirituais, e não ao corpo; e, além disso, ele tem que investigar se a alma é composta de partes ou se ela é simples, se todas as partes são estados corporais ou se alguma não é, em cujo caso sua imortalidade estaria assegurada. As diversas aporias, as quais se unem a essas questões levantadas, mostram que aqui nós tocamos no ponto, o qual ocupou a maior parte da curiosidade dos grandes pensadores. A psicologia se dedicou, portanto, primeiramente a esta tarefa, a qual lhe deu o impulso para o desenvolvimento. E precisamente agora, ela parece ter se tornado abatida e impossível, ao menos do ponto de vista daqueles que negam a psicologia como ciência da alma. Pois, não havendo alma, então naturalmente não pode haver conversa sobre uma imortalidade da alma.

Isso parece tão imediatamente óbvio que não se pode se surpreender, quando ela é apresentada como algo auto evidente pelos apoiadores da concepção aqui desenvolvida, como A. Lange, por exemplo. Assim, se oferece na psicologia um espetáculo similar ao do campo das ciências naturais. A ambição dos alquimistas em produzir ouro por meio de mistura impulsionou inicialmente a investigação química. Mas, o amadurecimento científico renunciou essa transmutação como algo impossível. E algo ao modo da famosa parábola da promessa do pai enfermo, também aqui os herdeiros dos antigos pesquisadores satisfizeram a previsão dos ancestrais. Os filhos cavaram diligentemente a vinha na qual acreditaram que o tesouro estivesse escondido. E se eles não encontraram o ouro enterrado, cresceram para eles, então, outros tesouros nos frutos do solo bem trabalhado. Algo similar aconteceu com os químicos e também estaria acontecendo aos psicólogos. A questão da imortalidade estaria abandonada, mas poder-se-ia dizer em consolo que o desejo pelo impossível apresentou o nascimento de estímulos para solução de outras questões, às quais não pode ser negado um verdadeiro e vasto significado.

Contudo, quem poderia negar que, aqui, nós não estaríamos inteiramente em um caso idêntico? Para os sonhos dos alquimistas, a realidade ofereceu um substituto superior. Para as esperanças de um Platão e um Aristóteles em obter certeza sobre a continuação da nossa melhor parte após o desenlace do corpo, apenas as leis de associação de representações, as leis de desenvolvimento das convicções e opiniões e as leis de nascimento e crescimento do prazer, do amor e tudo o mais, não seriam uma verdadeira compensação. Por isso, a perda parece aqui amplamente ainda mais lamentável. E se realmente a diferença entre ambas as concepções significasse a aceitação ou a negação da questão sobre a imortalidade, então essa diferença seria de suma importância para a psicologia e seria inevitável uma entrada na investigação metafísica acerca das substâncias como portadores de estados psíquicos.

Se por um lado, no entanto, é explícita a necessidade de delimitação do campo de investigação, talvez então ela não seja mais que aparente. Em sua época, David Hume declarou com toda firmeza contra os metafísicos, os quais afirmaram encontrar, neles mesmos, uma substância como portador dos estados psíquicos. "Eu, de minha parte", diz ele, "quando eu entro mais intimamente no que eu chamo *eu mesmo*, eu sempre tropeço em uma ou outra percepção particular de calor ou frio, luz ou sombra, amor ou ódio, dor ou prazer. Por mais que eu também o busque, jamais posso apoderar-me do *meu eu* sem uma representação e jamais eu posso descobrir algo fora da representação. Estando minhas representações suspensas por algum tempo, como no sono saudável, eu não posso, então, sentir *meu eu* durante esse tempo e, na verdade, se poderia dizer que eu de modo algum existo". Se certos filósofos afirmam perceberem a *si mesmos* como algo simples e permanente, então ele (Hume) não quer contradizê-los, mas ele está convencido a partir de si e dos demais (excetuando apenas esta sorte de metafísicos) que, "elas não são nada além de um feixe de diferentes representações, as quais sucedem umas às outras com rapidez inconcebível e estão em fluxo constante e movimento ininterrupto". Assim, nós vemos que Hume é contado inequivocamente entre os adversários da substância anímica. Não obstante, Hume mesmo observa que o conjunto de provas para a imortalidade por meio de uma concepção como a sua possui, no entanto, a mesma força que a hipótese oposta e tradicional. A. Lange certamente tomou essa declaração como uma brincadeira, e aqui ele pode ter razão, pois se sabe também que em outras partes Hume não desdenhou a arma da ironia maliciosa. Contudo, o que disse Hume não é tão obviamente ridículo como Lange, e talvez o próprio Hume, poderia acreditar. Pois se também aqueles que negam a substância anímica não podem falar evidentemente de uma imortalidade da alma em sentido próprio, não é correto de modo algum que a questão da imortalidade mediante a negação de um portador substancial dos fenômenos psíquicos perdeu todo sentido. Isto se torna imediatamente evidente, quando se considera que, com ou sem substância anímica, uma continuação da nossa vida psíquica aqui sobre a terra em todo caso não pode ser negada. Rejeite alguém a substância anímica, então permanece para ele apenas a suposição restante de que ela não necessita desse portador substancial para uma continuação. E a questão, se nossa vida psíquica de alguma forma também é continuada após a destruição de nossos fenômenos corporais, será sem sentido para ele, como tão pouco para outros, por causa disso. É verdadeiramente uma inconsequência pura, quando pensadores desta tendência rejeitam, pelas razões mencionadas, a questão da imortalidade também nesse seu sentido essencial, no qual certamente ela é mais bem nomeada como mortalidade da vida do que imortalidade da alma.

Isto foi plenamente reconhecido por John Stuart Mill. Na passagem anteriormente mencionada de sua *Lógica,* nós encontramos a questão sobre a imortalidade, embora entre elas não estejam citadas as questões tratadas da psicologia. Mas em outro lugar, em sua obra sobre Hamilton, ele desenvolveu com toda clareza o mesmo pensamento que nós expressamos aqui.

Do mesmo modo, não existe atualmente na Alemanha *um* pensador de expressão, o qual tenha pronunciado sua rejeição ao portador substancial para estados psíquicos, como para estados físicos, tão frequente e francamente como Theodor Fechner. Em sua *Psicofísica,* em sua *Teoria dos átomos* e em outros escritos, declara-se contra esta polêmica, às vezes seriamente, às vezes comicamente. Mas, não obstante, ele reconhece francamente sua crença na imortalidade. E assim se indica que, ainda quando alguém aceita a perspectiva metafísica, a qual induziu os pensadores modernos a substituir a definição de psicologia como ciência da alma pela definição da psicologia como ciência dos fenômenos psíquicos, não resultaria também segundo este aspecto nenhum estreitamento desse campo e, em geral, nenhum prejuízo essencial para a psicologia.

Do contrário, sem uma investigação metafísica pormenorizada, aceitar essa concepção parece tão inadmissível como rejeita-la sem exame. Se homens conceituados colocam em dúvida e negam os portadores substanciais, outros grandes nomes estiveram e estão contrários a eles, os quais insistem nos portadores substanciais. Aqui, H. Lotze concorda com Aristóteles, Leibniz e mesmo com o empirista inglês contemporâneo Herbert Spencer. Com a sua particular franqueza, o próprio J. St. Mill reconheceu, em seu escrito contra Hamilton, que a tarefa da substância como portador de fenômenos, particularmente no campo psíquico, não estaria livre de dificuldades e obscuridades. Se, portanto, a nova definição da psicologia está inseparavelmente conectada à nova doutrina metafísica, como a antiga psicologia à antiga doutrina metafísica, então nós nos obrigamos ou investigar uma terceira definição ou descer aos temidos abismos da metafísica.

Felizmente, o oposto é o caso. A nova interpretação do nome Psicologia não contém nada que também não possa ser considerado pelos partidários da antiga escola. Pois, exista ou não uma alma, os fenômenos psíquicos existem, em qualquer caso. E o partidário da substância anímica não negará que tudo o que ele poderia verificar na relação com a alma, possui também uma relação para com os fenômenos psíquicos. Nada impede, portanto, de adotarmos a nova definição, ao invés da definição de psicologia como ciência da alma. Talvez ambas sejam corretas. Mas permanece, então, *a* diferença: a antiga contém pressupostos metafísicos do qual a moderna está livre; essa moderna é reconhecida por escolas opostas, enquanto a primeira já carrega a marca especial de *uma* escola *em si*; assim, uma nos dispensa de investigações preliminares gerais com as quais a outra nos compromete. Portanto, a adoção da concepção moderna nos simplifica o trabalho, ela concede ainda uma vantagem adicional como a facilitação da tarefa. Toda exclusão de uma questão desinteressante é, na qualidade de simplificação, também reforço. Ela mostra que os resultados da investigação estão sob a dependência de menos pressuposições e, assim, proporcionam maior clareza às nossas convicções.

Assim, no sentido indicado acima, nós qualificamos a *psicologia* como a *ciência dos fenômenos psíquicos*. As discussões precedentes parecem ser apropriadas para tornar clara, de acordo com o principal, tal definição. A investigação posterior sobre a diferença dos fenômenos psíquicos e físicos acrescentará aquilo que ainda falta a esse respeito.

§ 3. O valor próprio da psicologia

Se alguém quisesse verificar o valor relativo do campo científico delimitado aqui em comparação com aquele da ciência natural, e nesse caso quisesse unicamente criar a escala de participação na qual uma e outra investigação tratam de se encontrar, então a psicologia apareceria profundamente sobrepujada. Seria uma questão diferente se comparássemos os fins, os quais uma e outra ciência persegue. Nós vimos qual é o tipo de conhecimento que o cientista da natureza é capaz de alcançar. Os fenômenos da luz, do som, do calor, da localização espacial e da locomoção os quais ele trata não são coisas que realmente e verdadeiramente existem. Eles são sinais de algo real que produz sua representação por meio de sua atualização. Mas eles não são, por isso, uma figuração correspondente dessa realidade e dela dão conhecimento apenas em sentido muito incompleto. Nós podemos dizer que existe algo que, sob estas ou aquelas condições, causa esta ou aquela sensação; nós podemos demonstrar, também, que ali se devem encontrar semelhantes relações como as formas e tamanhos, as quais os fenômenos espaciais mostram. Mas este é o ponto até onde podemos ir. Em si, e por si, o que é verdadeiro não se coloca no fenômeno, e o que aparece não é verdadeiro. A verdade dos fenômenos físicos é, como se diz, uma mera verdade relativa.

Pode-se dizer o contrário dos fenômenos de percepção interna. Eles são verdadeiros em si mesmos. Como eles aparecem - para isso asseguram a evidência com a qual eles são tomados como verdadeiros - assim são eles também na realidade. Quem poderia negar, então, que nisso se revela uma grande vantagem da psicologia diante das ciências naturais?

O alto valor teórico do conhecimento psicológico é evidenciado ainda em outro aspecto. Não apenas com o modo de cognoscibilidade, também com a dignidade do objeto cresce a dignidade da ciência. A dignidade de uma ciência não só aumenta com a maneira pela qual se caracteriza a capacidade de conhecer, mas também com a dignidade do seu objeto. E os fenômenos cujas leis a psicologia investiga não se distinguem dos fenômenos físicos apenas porque são verdadeiros e reais em si mesmos, mas também porque são incomparavelmente superiores em beleza e sublimidade. A cor e o som, a extensão e o movimento se opõem, aqui, à sensação e à imaginação, ao juízo e à vontade, com toda a grandeza com a qual elas se desdobram nas ideias do artista, nas pesquisas do grande pensador e na abnegação do homem virtuoso. Assim, revelamos de um modo novo como a tarefa do psicólogo é mais valiosa diante da tarefa do cientista da natureza.

Também é correto que aquilo que nos é próprio reivindica nosso interesse mais do que o estranho. Nós estamos mais ansiosos para conhecer a ordem e a origem do nosso sistema solar que a do grupo mais remoto de constelações celestes. A história do nosso país e de nossos antepassados atrai mais a nossa atenção do que a de um povo com quem nos falte relações estreitas. E esta também é uma razão, a qual outorga à ciência dos fenômenos psíquicos o mais alto valor. Pois eles são os fenômenos que nos são mais próprios. Alguns filósofos qualificaram o Eu diretamente com um grupo de fenômenos psíquicos, outros com o portador substancial de tal grupo. A comum linguagem ordinária diz que as mudanças físicas ocorrem *fora* de nós, enquanto as mudanças psíquicas ocorrem *em nós*.

Estas são observações muito simples, as quais podem facilmente convencer a qualquer um acerca do grande significado teórico do campo de conhecimento da psicologia. Mas também em importância prática - e é isto o que talvez mais deveria surpreender - suas questões não ficam atrás das questões das quais se ocupam as ciências naturais. Pelo contrário, também a esse respeito dificilmente outro ramo do saber é equivalente à psicologia, a menos que ele tenha a mesma pretensão de atenção e deva ser considerado como um degrau indispensável para o acesso à psicologia.

Apenas de modo breve, eu chamo a atenção para como as raízes da estética se encontram na psicologia, a qual, com desenvolvimento pleno, infalivelmente clarificará o olho do artista e assegurará o seu progresso. Da mesma forma, também, basta dizer que a importante arte da lógica, da qual *uma* só progressão tem como consequência mil avanços na ciência, retira sua fonte da psicologia de modo inteiramente análogo. Mas, a psicologia também tem a tarefa de se tornar o fundamento científico de uma teoria da educação, tanto para o indivíduo como da sociedade. Junto com a estética e a lógica, a ética e a política procedem do campo da psicologia. E, assim, a psicologia aparece como a condição fundamental do progresso da humanidade precisamente naquilo que constitui a sua dignidade essencial. Sem o emprego da psicologia, a solicitude do pai, bem como a do líder estadista, permanecerá um desajeitado tatear. E porque até agora princípios psicológicos nunca foram empregados de um modo sistemático no campo estatal, também porque aqui os guardiões do povo têm se encontrado, quase sem exceção, em completa ignorância a cerca deles, então se poderia muito bem dizer, com Platão e também com muitos pensadores dos nossos dias, que, tendo partilhado individualmente tão alta glória, ainda não apareceu na história um grande estadista verdadeiro. Antes de um emprego sistemático da fisiologia à arte de curar, não faltaram de modo algum médicos famosos, os quais conquistaram grande confiança e aos quais são atribuídas curas incríveis. Mas que tenha havido um verdadeiro grande médico antes das últimas décadas, isto é hoje negado por tal motivo como algo impossível para todo conhecedor da medicina. Todos eles foram empiristas cegos, mais ou menos hábeis, mais ou menos favorecidos pela sorte. Mas aquilo que um médico criterioso e instruído deve ser, isto eles não foram e não poderiam ter sido. Poderia se dizer também o mesmo de nossos estadistas até os dias de hoje. Até que ponto eles também são meros empiristas cegos, isto se indica sempre que um evento extraordinário muda repentinamente a situação política e, de forma ainda mais clara, a cada vez que algum deles é levado a um país estrangeiro com condições diferentes. Abandonado por suas máximas puramente empíricas, eles se mostram completamente incompetentes e desnorteados.

Quantos males não poderiam ser eliminados, tanto individual como socialmente, seja pelo diagnóstico psicológico correto, seja pelo conhecimento das leis, segundo as quais um estado psíquico pode ser alterado! Que crescimento das forças psíquicas a humanidade não obteria somente por isso, se fossem determinadas as condições psíquicas fundamentais das diversas predisposições para um poeta, para um cientista ou para um homem de aptidões práticas, por meio da análise psicológica, com segurança e integridade, de modo que se poderia reconhecer a árvore, não primeiramente pelo fruto, mas já a partir dos primeiros brotos de folhas e se poderia transplantá-la imediatamente para um lugar o qual corresponda à sua natureza! Pois, em si mesmas, todas as aptidões são fenômenos muito complexos e resultados tardios de forças cujas atividades originais, de fato, prenunciam inicialmente muito pouco as subsequentes, como a forma dos primeiros brotos prenunciam a forma do fruto da árvore. Apesar disso, no entanto, permanece a relação na qual tanto em um, quanto em outro caso se conformam às leis do mesmo modo e, como a botânica, uma psicologia suficientemente desenvolvida deveria, por isso, poder predizer aqui de modo análogo. Nesse, e ainda em mil outros modos, a sua influência seria muito benéfica. Talvez apenas ela esteja em posição de propiciar os meios contra toda decadência que nós vemos interromper de tempos em tempos, e tão tristemente, o desenvolvimento progressivo da cultura. Tem sido frequentemente assinalado de modo correto que as expressões metafóricas frequentemente usadas "velha nação" e "velha civilização", não são estritamente apropriadas, porque enquanto os organismos se regeneram apenas imperfeitamente, a sociedade se rejuvenesce completamente em cada geração seguinte; poder-se-ia falar apenas de adoecimento de povos e épocas. Existem, no entanto, as doenças que até agora apareceram periodicamente e tem levado regularmente à morte, devido à falta de habilidade dos médicos, de tal modo que, ainda que possa faltar o verdadeiro parentesco essencial, é inegável a similaridade do fenômeno exterior com aquele do envelhecimento.

Vê-se que não coloco uma tarefa prática inferior para a ciência psicológica. Mas, é também concebível que ela jamais se aproxime realmente desse ideal? A dúvida quanto a este ponto parece ser bem fundamentada. Pelo fato de que até agora, e durante milênios, a psicologia não realizou praticamente um progresso, muitos gostariam de acreditar que se justifica concluir com certeza que ela também pouco promoverá os interesses práticos da humanidade no futuro.

Contudo, a resposta para esta objeção não está distante. Ela é revelada por uma simples consideração sobre posição que a psicologia ocupa na ordem das ciências.

As ciências teóricas gerais formam uma espécie de escala, na qual cada estágio superior é realizado com base no inferior. A ciência superior considera fenômenos mais complexos. A ciência inferior considera fenômenos mais simples e esses se relacionam com aqueles complexos. Assim, o progresso das ciências superiores tem que pressupor, naturalmente, o das ciências inferiores. Por isso, evidentemente, com exceção de alguns debilitados preparos empíricos, as ciências superiores chegarão ao desenvolvimento após as ciências inferiores. Particularmente, as ciências superiores não poderão alcançar, ao mesmo tempo em que as ciências inferiores, esse estado de maturidade em que elas podem se revelar úteis para as necessidades da vida. Assim se viu há muito tempo a matemática valorizada em aplicações práticas, enquanto a física ainda estava adormecida em seu berço e não dava o menor sinal da capacidade tão brilhante, comprovada posteriormente, para servir às necessidades e aos desejos da vida. A física, por sua vez, já há muito tempo havia alcançado prestígio e múltiplos empregos, quando a química, por meio de Lavoisier, descobriu o primeiro ponto fixo sobre a qual ela se ergueria em poucas décadas, para transformar completamente, se não a terra, pelo menos o cultivo da terra e, com ele, muitas outras esferas da atividade prática. Por sua vez, a química já havia conseguido muitos resultados imponentes enquanto a fisiologia ainda não havia despertado para a vida. E, não é necessário regressar muitos anos para encontrar o início de um desenvolvimento mais satisfatório para a fisiologia, no qual se ligaram então imediatas tentativas para uma utilização prática, talvez incompleta, mas já suficiente, contudo, para mostrar que um renascimento da arte da cura apenas era esperado a partir dela. Que a fisiologia se desenvolveu tão tarde, explica-se facilmente. Seus fenômenos são, pois, muito mais complexos do que os das ciências precedentes e estão na dependência deles, como os fenômenos da química estão, eles mesmos, novamente em condição de dependência para com aqueles da física e os fenômenos da física para com aqueles da matemática. Mas, então, se entenderá facilmente justamente o porquê até agora a psicologia não produziu frutos abundantes. Assim como os fenômenos físicos estão sob a influência de leis matemáticas, os fenômenos químicos estão sob a influência das leis físicas, os fenômenos da fisiologia estão sob a influência de todas essas leis, então os fenômenos psicológicos estão novamente influenciados pelas leis das forças que produzem e renovam os seus órgãos. Quem, portanto, nada soubesse sobre o estado de psicologia até o presente momento por experiência direta e apenas conhecesse a história das outras ciências teóricas e a juventude da fisiologia, e até mesmo conhecesse a ciência química, esse poderia afirmar com segurança, sem ser cético em coisas psicológicas, que a psicologia ainda não realizou nada, ou realizou apenas muito pouco e, quando muito, um começo para o desenvolvimento vigoroso foi mostrado apenas recentemente. Com isso, estaria declarando que os frutos mais importantes, os quais ela pode produzir acerca da vida prática, pertenceriam todos apenas a um tempo futuro. Assim, quando ele dirigisse então os olhos para a história da psicologia, ele veria em sua atual esterilidade nada mais do que aquilo que ele esperava, e de modo algum se encontraria obrigado a um juízo desfavorável sobre suas futuras conquistas.

Nós vemos que o atual estado de atraso da ciência parece necessário, mesmo quando a possibilidade de um rico desenvolvimento futuro não é posta em dúvida. E que exista essa possibilidade, prova o início feliz, ainda que fraco, o qual de fato ela já teve. Uma vez que certo nível de desenvolvimento possível seja alcançado, não tardarão a surgir também consequências práticas. Para os indivíduos, e até mesmo para as massas, para os quais se encontram inibitórios imprevisíveis e circunstâncias que promovem sua adaptação, as leis psicológicas constituirão um fundamento seguro para a ação.

Portanto, nós podemos esperar confiantemente que a psicologia nem sempre carecerá de ambos, tanto da formação interna, como da aplicação benéfica. As necessidades, as quais ela deve satisfazer, tornaram-se pouco a pouco urgentes. As degradações das condições sociais clamam em voz alta por preparação mais urgente do que as imperfeições no transporte marítimo, no tráfego ferroviário, na agricultura e na higiene. Questões, às quais por livre interesse talvez tivesse que se enfrentar em menor grau, força-se a participação geral. Muitos já reconheceram aqui a tarefa mais importante de nosso tempo. E pode-se nomear muitos pesquisadores consagrados, os quais se ocuparam para tal fim com a investigação das leis psíquicas e com pesquisas sobre o método de dedução e confirmação prática para aplicação das consequências.

Pode ser impossível que a tarefa da economia política seja apaziguar a confusão iniciada e restabelecer a paz gradativamente perdida na sociedade em confrontos de interesses contraditórios. Ela está envolvida com isso, mas a ela não cabe nem a totalidade e nem o essencial da tarefa. Entretanto, a participação crescente, a qual é concedida a essa disciplina prática, também pode ser oferecida como testemunho do que foi dito aqui. John Stuart Mill referiu-se à relação da economia política para com a psicologia na introdução ao seu livro *Princípios de Economia Política.* As diferenças referentes à produção e distribuição de bens entre os diferentes povos e em diferentes momentos, diz ele, em parte teriam seus fundamentos na diferença de conhecimentos físicos, mas em parte elas teriam causas psicológicas. "À medida que a condição econômica das nações depende do estado de conhecimentos físicos", continua ele, "ela é objeto das ciências naturais e das artes que nelas se fundamentam. Mas, à medida que as causas são de tipos morais ou psicológicas, dependendo de instituições e relações sociais ou dos princípios da natureza humana, sua investigação não cabe à ciência natural, mas à ética e à ciência social, sendo objeto da economia política ou economia nacional".

Assim, indubitavelmente, parece que o futuro, e até certo ponto, talvez, um futuro não muito distante, concederá à psicologia uma influência significativa sobre os aspectos práticos da vida. Neste sentido, nós poderíamos caracterizá-la, como também outros já fizeram, como a *ciência do futuro;* como aquela ciência, à qual, diante de todas as outras ciências teóricas, o futuro pertence; a qual configurará o futuro mais do que qualquer outra; e a qual todas se subordinarão e servirão no futuro em sua aplicação prática. Esta será, então, a posição da psicologia, quando ela, uma vez amadurecida, for capaz de intervir ativamente. Aristóteles chamava a política de arte do mestre de obras, à qual todas as outras serviam de mão-de-obra. Nós vimos que a arte do estadista, no entanto, para ser o que deve ser, precisa dar ouvidos aos ensinamentos da psicologia, assim as artes menores escutam os ensinamentos da ciência da natureza. Seus ensinamentos, eu gostaria de dizer, serão apenas uma síntese diferente, e mais desenvolvida, de princípios psicológicos para alcançar um fim prático.

Nós acentuamos quatro especificidades que parecem apropriadas para demostrar o primoroso significado da ciência psíquica: a verdade interior; assim como a sublimidade de seus fenômenos; a relação especial desses fenômenos para conosco; e, finalmente, a importância prática das leis que os regem. A estes devemos acrescentar o especial e incomparável interesse, o qual lhe é próprio, na medida que nos ensina sobre nossa imortalidade e, deste modo, torna-se a ciência do futuro em um novo sentido. Cabe à psicologia a questão acerca da esperança no além e da nossa participação em um estado mais perfeito de mundo. Nós observamos que ela já realizou tentativas, as quais alvejaram a isso, e nem tudo o que ela empreendeu nessa direção parece ter ficado sem êxito. Se esse devesse realmente ser o caso, nós teríamos aqui, sem dúvida, sua maior realização teórica, a qual seria propriamente não só de grandes consequências práticas, como ainda conferiria novo valor às suas outras realizações teóricas. De tudo para o qual valem as leis das ciências naturais, nós nos separamos quando abandonamos este mundo. As leis da gravidade, as leis do som, da luz e da eletricidade desaparecem para nós com os fenômenos pelos quais a experiência as comprovou. As leis psíquicas, pelo contrário, valem para nossa vida lá como cá, à medida que a mesma perdura imortal.

Com razão, então, já Aristóteles, no início de sua obra sobre a alma, elevou a psicologia acima de todas as outras ciências, embora com isso ele tenha reparado exclusivamente nas suas vantagens teóricas. "Se nós", diz ele, "incluímos o saber naquilo que é nobre e venerável; mas um mais que o outro, seja porque sua exatidão é maior, seja porque seu objeto é sublime e maravilhoso: então, por ambas as razões, nós justificadamente teríamos de contar o conhecimento da alma entre os bens mais excelentes". Pode causar admiração que aqui Aristóteles também designe a exatidão da psicologia superior às outras ciências. Para ele, a exatidão do conhecimento está relacionada à imortalidade do seu objeto. O que muda contínua e universalmente subtrai-se, segundo ele, à investigação científica, enquanto o que é mais permanente tem a verdade mais permanente. De qualquer forma, nós também não podemos negar que as leis, as quais determinam a psicologia, têm pelo menos uma significativa verdade permanente.

Referências

BRENTANO, Franz. Ueber Begriff und Aufgabe der psychischen Wissenschaft. In. ______________. *Psychologie vom empirischen Standpunkte.* Erster Band. Hamburg: Felix Meiner, 1973, p. 5 - 38.

BRENTANO, Franz. Sobre o conceito e a tarefa da ciência psíquica. Trad. Evandro O. Brito e Emanuel L. Stobbe, *Revista PERI*, v. 09, n. 01, 2017, p. 239 - 261.

MIKLOSICH ACERCA DAS PROPOSIÇÕES SEM SUJEITO (1883)[1]

"Proposições sem sujeito" - assim o famoso linguista nomeia um pequeno escrito que, em sua primeira aparição, ele intitulara "Os verbos impessoais em eslavo".

A mudança do nome pode estar relacionada com os acréscimos significativos da segunda edição, pois a nova designação também foi mais apropriada. Porque longe de considerar simplesmente a particularidade de uma língua primitiva, o autor tinha colocado um princípio de amplíssima importância, o qual contradiz a visão predominante e, apenas por isso, teria merecido a atenção geral. Não só a filologia, mas também a psicologia e a metafisica estavam interessadas na questão. E tal como para o pesquisador dos domínios mais sublimes, a nova doutrina também prometia trazer vantagem para todos os meninos dos bancos escolares, os quais agora são atormentados por professores com teorias impossíveis e inconcebíveis (cf. p. 23 a. a. O.).

O ensaio não exerceu essa influência. O domínio das antigas ideias continua ainda hoje inquebrantável. E se a publicação da monografia em nova edição dá testemunho de certo interesse em círculos mais amplos, isso não ocorreu evidentemente graças às circunstâncias em que, por esse motivo, se acreditou conceber esclarecimentos sobre antigas dúvidas e erros. A obra de Darwin que fez época, independente da exa-

---

[1] Este texto foi publicado pela primeira vez na *Guairacá - Revista de Filosofia*, Guarapuava-PR, v. 32, n. 1, p. 106-114, 2016. Trabalharam na sua tradução Evandro O. Brito (UNICENTRO) e Maicon R. Engler (UFPR).

tidão de sua hipótese, teve valor intrinsecamente inegável para seus opositores. Todos tiveram de reconhecer a riqueza das importantes observações e combinações significativas. Assim, ainda em muitos pormenores, poder-se-ia se sentir comprometido com Miklosich também aquele que recusa a aprovação de sua tese principal, a qual condensou em poucas folhas uma vasta erudição e entremeou as mais finas percepções.

Nós queremos aqui, no entanto, considerar antes de tudo a questão principal e esclarecer de modo breve do que se trata realmente.

É uma antiga asserção da lógica que o juízo consiste essencialmente em uma ligação ou separação, em uma relação de representações uma para com outra. Mantida quase unanimemente por dois mil anos, ela também exerceu influência sobre outras disciplinas. E, assim, nós encontramos com os gramáticos, desde a Antiguidade, a doutrina de que não é dada e não se pode dar qualquer forma mais simples de expressão de juízos, além da categórica, que liga um sujeito com um predicado.

Não se pôde ignorar por muito tempo, porém, que a aplicação apresentava dificuldades. Proposições como *es regnet* (chove) e *es blitzt* (relampeja) parecem não se encaixar nesse caso. No entanto, a maioria dos pesquisadores estava convicta de que em tais casos eles não deviam se sentir tão obrigados a duvidar da validade universal de seu princípio quanto, ao contrário, a procurar seu sujeito aparentemente inexistente. Muitos pensaram, então, que eles o tivessem apreendido realmente. Contudo, em estranho contraste com a unidade até então indicada, eles se separaram em uma multiplicidade de direções. E nós assistimos, com olhar até certo ponto corroborativo, às diversas tentativas de esclarecimentos detalhados, e assim entendemos facilmente por que nenhum deles foi capaz de satisfazer de forma permanente ou ao menos de angariar temporariamente o consentimento [de seus pares].

A ciência esclarece, à medida que capta uma multiplicidade como unidade. Naturalmente, foi isso também o que se buscou aqui, embora toda tentativa tenha fracassado. Quando se diz *es regnet* (chove), como alguns pensaram, o sujeito não nomeado e designado com o "es" indefinido seria Zeus, e o sentido seria *Zeus regnet* (Zeus chove). Mas quando se diz *es rauscht* (há ruído), então seria evidente que Zeus não poderia ser o sujeito. E, ainda, outros acreditaram que aqui o sujeito seria *das Rauschen* (o ruído) e, então, o sentido da proposição seria *das Rauschen rauscht* (o ruído rui). E acrescentaram, em conformidade com os exemplos precedentes, *das Regnen* (o chover) ou *der Regen regnet* (a chuva chove).

Quando se diz *es fehlt an Geld* (falta dinheiro), então consequentemente o sentido deveria ser *das Fehlen an Geld fehlt an Geld* (a falta de dinheiro falta dinheiro). Mas isso não é aceitável. E então, em vez disso, se esclarece aqui que o sujeito seria *Geld* (dinheiro) e o sentido da proposição seria *Geld fehlt an Geld* (dinheiro falta dinheiro). Certamente isso seria, a rigor, uma violação mais grave contra a unidade desejada da explicação. E se, tapando um olho, talvez se pudesse escondê-la, não seria mais possível alcançar um sentido aceitável quando se esbarrasse em proposições como *es gibt einen Gott* (existe um Deus), onde novamente nas proposições *einen Gott Geben gibt einen Gott* (o existir um Deus faz existir um Deus) ou *das Geben gibt einen Gott* (o existir faz existir um Deus) ou, ainda, *Gott gibt einen Gott* (Deus faz existir um Deus).[2]

É preciso meditar, aqui, sobre um modo de explicação totalmente diferente. Mas onde seria possível encontrá-lo? E se

---

[2] [Nota dos tradutores]: Traduzimos o verbo *geben* por *existir*, mesmo tendo a possibilidade de traduzi-lo por *haver*. A opção nos permite explicitar de modo mais evidente as incompatibilidades indicadas pelo autor.

mesmo aqui a perspicácia também fosse capaz de estabelecer algo que faria saltar de um caso a outro caso, não se poderia chamar isso apenas de caricatura de uma explicação verdadeiramente científica? Não! Das muitas tentativas feitas até agora, nenhuma sequer pode ser acertadamente chamada de designação do sujeito, a não ser como na expressão de Schleiermacher. Pois, se esse sábio realmente externou a opinião de que o sujeito em tais proposições seria o caos, então o enunciado deveria ser entendido não tanto como uma tentativa de explicação, mas sim como um escárnio contra as hipóteses levantadas até agora pelos filólogos.

Alguns pesquisadores são por isso de opinião de que o verdadeiro sujeito de tais proposições, como *es regnet* (chove), *es blitzt* (relampeja), não foi encontrado até o momento e que a tarefa de o procurar ainda hoje está presente na ciência. Mas não seria estranho se a descoberta de um sujeito, o qual teria sido definido para fundamentar cada pensado inefável, devesse causar dificuldades tão extraordinárias? Steinthal pretende esclarecer que, nesse caso, o sujeito gramatical seria algo aludido, mas aludido como algo impensável. Mas provavelmente outros iriam retrucar com Miklosich (p. 23) que "nós provavelmente não exageramos quando afirmamos que a gramática não opera com o impensável".

A totalidade dos fenômenos e a falha claramente grotesca em cada tentativa de determinação, quantas vezes e com quanta perspicácia ela tenha sido feita, são assim também as razões que se fazem valer, acima de qualquer outra de Miklosich, quando se considera que todo o pretenso sujeito de tais proposições seria uma ilusão, que a proposição não seria uma ligação entre sujeito e predicado e que ela seria sem sujeito, como Miklosich se expressou.

Outras considerações lhe servem para confirmar o exposto e entre elas está uma consideração sobre a natureza do juízo, salientada como particularmente significativa. Aqui Miklosich combate aqueles que, com Steinthal, negam qualquer correlação entre gramática e lógica; e então se defende dos ataques que, em razão dessa correlação entre psicologia e lógica, poderiam ser feitos contra sua doutrina. Sim, ele chega a resultados que, por consequência das características especiais de certos juízos de proposições sem sujeito na língua, deveriam ser esperados de antemão. Em seguida ele observa não ser correto que um conceito seja relacionado a outro em todo juízo. Neles, muitas vezes, apenas um fato simples é reconhecido ou rejeitado. Em tais casos, também se torna necessária uma expressão linguística e é evidente que ela não poderia consistir em uma ligação entre o sujeito e o predicado. Miklosich indica que muitos filósofos foram repetidamente levados a tal conhecimento, mas que amiúde eles nem sequer apreciaram suficientemente o significado dessa descoberta. Não lhes eram claras as novidades que proferiam e por isso, ao mesmo tempo em que eles, em estranha parcialidade, se agarravam a certos resquícios daquela concepção mais antiga, confrontava-lhes a necessidade de revogar em seus pontos essenciais, no fim, aquilo que haviam dito no início. Assim, Trendelenburg pretendeu não encontrar propriamente um juízo em uma proposição como *es blitzt* (relampeja), mas apenas os rudimentos de um juízo pronunciado, que precede o conceito relâmpago para fixá-lo. E, desse modo, somente o juízo completo *der Blitz wird durch Eisen geleitet* (o relâmpago é conduzido pelo ferro) tem fundamento. E Herbart declarou finalmente que juízos como *es rauscht* (há ruído) não seriam juízos no sentido usual, pois eles não seriam aquilo que a lógica chama a rigor de juízo. Acertadas são as observações nas quais o autor censura as inconsequências desses filósofos, seus delírios na sua incapacidade de reconhecer a natureza do juízo e o retorno à sua própria definição errônea. (p. 21 seg.)

Depois de tudo, Miklosich considera suas proposições sem sujeito como plenamente asseguradas. E ele não apenas acredita que a sua existência se encontre fora de dúvida, mas mostra também que de modo algum elas ocorrem raramente, como se gostaria de acreditar depois da polêmica em torno delas. A diversidade de tais proposições deu-lhe azo para compilar panoramicamente as principais classes na segunda parte do ensaio (p. 33 até 72), e aí nós encontramos especificadas proposições sem sujeito com um verbo ativo, proposições sem sujeito com um verbo reflexivo, proposições sem sujeito com um verbo passivo e proposições sem sujeito com o verbo ser. E cada uma dessas classes é explicada por meio de numerosos exemplos de diferentes línguas. Em particular, isso é válido para a primeira classe, na qual ele faz uma subdivisão de oito partes para agrupar as proposições segundo as diversidades de seus conteúdos. Como observação geral (p. 6), ele nota que o verbo finito [i.e. conjugado] das proposições sem sujeito está sempre na terceira pessoa do singular e, onde cabe a forma da diferença de gênero, ela é neutra.

Ele estendeu o assunto também em outros aspectos. Ele explica que as referidas proposições não surgiram mais tarde do que aquelas afirmadas de um sujeito, mas vieram à tona originalmente com a formação proposicional (p. 13 seg., p. 19), tal como desapareceram de alguns idiomas com o passar do tempo (p. 26). Ele demonstra como as línguas que a mantiveram gozam deste modo de uma vantagem, pois na sua aplicação dessas expressões tem origem uma especial vivacidade. E ele também mostra como, sob outra perspectiva, as proposições sem sujeito não podem ser completamente equiparadas com proposições tidas por categoricamente idênticas. *Ich friere* (eu congelo) não é, por exemplo, completamente idêntico a *mich friert* [me congela (me esfria)]. Em vez de *was frierst du draußen, komme doch herein!* (por que é que tu congelas aí fora, vem para dentro!), não se pode dizer *was friert dich's draußen usw* (que te congela aí fora etc.), *mich friert* [me congela (me esfria)] não pode ser aplicado quando eu voluntariamente me exponho à geada.

II

Este é, em resumo, o conteúdo do livro, acerca do qual eu me permito ainda algumas observações críticas.

O quanto o ensaio, em geral e especialmente em suas ideias fundamentais, tem minha aprovação, eu já dei a conhecer suficientemente durante este relatório. As provas disso parecem-me fornecidas de modo tão imponente, que até aqueles relutantes dificilmente poderiam se fechar à verdade. Independentemente deles, já há muito tempo eu mesmo logrei a mesma concepção pela via da análise puramente psicológica, como enfatizei publicamente no essencial, quando comecei a publicar minha *Psicologia* em 1874.

Assim eu também me dei ao trabalho de colocar a doutrina em plena luz e de demonstrar todas as antigas ideias como insustentáveis, mas até agora o êxito foi mínimo. Além de algumas vozes isoladas convenci tão pouco os filósofos quanto Miklosich convenceu os filólogos em sua primeira edição. Onde um preconceito se enraizou cada vez mais firmemente por milênios, onde uma doutrina é introduzida ainda na escola primária, onde um princípio é considerado princípio fundamental, do qual muitas outras coisas dependem e, por assim dizer, tornam sua seriedade inquebrantável, aí não se deve esperar que a refutação apresentada fará o erro desaparecer imediatamente. Ao contrário, é de temer que se levantará muita desconfiança contra a nova perspectiva, antes que seus fundamentos mereçam uma apreciação mais atenciosa. Mas se dois pesquisadores completamente independentes um do outro estão em conformidade em seus depoimentos, se eles chegaram aos mesmos objetivos por caminhos completamente diferentes, então pode-se ter esperança de que não se considere, sem mais nem menos, esse encontro aleatório e se dê uma atenção mais cuidadosa às considerações conjuntas. Possa delas tomar parte Miklosich nessa nova publicação, na qual, para minha felicidade, eu também vi meu próprio trabalho ser levado em conta!

Além da concordância quanto ao ponto central, existem algumas divergências em pontos secundários de menor importância. Doravante desejo também salientá-las brevemente.

Miklosich chamou de *proposições sem sujeito*, e eu concordo com ele na sua apreciação, a todas as proposições mais simples que não ligam sujeito com um predicado. Mas não posso aprovar inteiramente que ele tenha feito isso e as razões por que ele o fez.

Sujeito e predicado são conceitos correlatos, que estão e ocorrem em relação mútua. Uma proposição, que na verdade é *sem sujeito*, deve assim poder ser igualmente chamada de *sem predicado*. Por isso, não me parece muito apropriado quando Miklosich designa tais proposições unicamente como *proposições sem sujeito*, e parece-me verdadeiramente incorreto quando ele as designa como meras *proposições predicativas* (ver p. 3, p 25, p 26 u. ö.). Isso poderia levar à ideia de que ele também acredita em um segundo conceito não expresso (o sujeito) acrescentado em pensamento, ainda mais quando isto, nos pontos decisivos, não foi negado por ele (p. 3 f. u. ö.); ou [poderia levar à ideia de que] ele considerou tais proposições apenas como proposições categóricas reduzidas e que tomou tal forma por originária, quando ele também não refutou isso expressamente (p. 13 seg). Parece antes que sua perspectiva seja a seguinte: que o progresso natural do pensamento e da fala é feito, geralmente, de uma proposição simples para uma proposição categórica; que naquele conceito mantido sozinho se junta um segundo conceito como sujeito. "As proposições sem sujeito", diz ele (p. 25), "são... proposições que se compõem apenas do predicado, considerado como prévio em um grande número de proposições na construção natural do pensamento, nas quais o sujeito não precisa, mas pode ser procurado".

Mas também isso dificilmente poderia estar correto, e até mesmo o termo "sujeito" parece não falar a favor disso. Aquilo que é tomado como base é, certamente, o que está em primeiro na construção do juízo. A sequência temporal das palavras também concorda precariamente com isso, pois geralmente se começa uma proposição categórica com o sujeito. E pode-se de igual maneira contra-argumentar que a ênfase em geral cai preferencialmente sobre o predicado (o que levou Trendelenburg a dizer com certo exagero, pois, caracterizando o predicado como conceito principal, que "nós pensamos em predicados" (cf. p. 19). Se o conceito de predicado é aquilo que acrescenta algo novo, então ele é, naturalmente, o objeto de um interesse preferencial; mas deveríamos esperar precisamente o contrário, se o conceito de sujeito abarcasse o novo momento que se apresenta.

Pode-se, do mesmo modo, dizer corretamente: um pássaro é preto, como: um preto é um pássaro; Sócrates é um homem, como: um homem é Sócrates; Mas Aristóteles já observou que apenas a primeira é predicação natural, a última contraria a ordem natural. E, na verdade, este é sempre o caso, à medida que se faz naturalmente do sujeito o termo a que se atenta em primeiro lugar, quando se constrói o juízo, ou ao qual o interlocutor deve prestar atenção primeiramente, a fim de compreender a proposição ou adquirir o conhecimento de sua verdade ou falsidade. Alguém pode convencer-se da existência de um pássaro negro procurando-o entre os pássaros ou entre os objetos negros; é melhor, porém, procurar entre os primeiros. E assim pode também convencer-se mais facilmente se um indivíduo pertence a uma espécie ou gênero, quando analisa sua natureza do que quando se percorre a extensão do respectivo conceito geral. Os casos de exceção confirmam aqui claramente a regra e sua justificação, como, por exemplo, quando digo: ali há algo preto, este algo preto é um pássaro, no que eu, portanto, porque reconheci primeiramente a cor, faço dela naturalmente o sujeito na proposição categórica construída em cima [dessa percepção].

De ambos os sorites categoriais, o aristotélico e o gocleniano, o primeiro faz do sujeito o termo comum com o anterior em cada elo sequencial, enquanto o último faz do predicado [o termo comum com o anterior em cada elo sequencial]. Por esse motivo, no entanto, o primeiro aparece como o mais natural e é geralmente considerado normal, ao passo que o último é designado com o silogismo inverso. Assim, nós também nos acostumamos que onde nós derivamos de uma proposição (simples) sem conceitos concatenados uma proposição categórica, a qual tem um termo em comum com aquela (proposição simples), este (termo) não é empregado como predicado, mas como sujeito, e poder-se-ia melhor dizer, portanto, que um predicado seria buscado para o sujeito, do que um sujeito para o predicado, por exemplo, "farfalha (*es rauscht*); o farfalho vem de um riacho". "Troveja; o trovão anuncia uma tempestade aproximando". "Cheira a rosas; este cheiro de rosas vem do jardim vizinho". "Ri-se; o riso valoriza os palhaços". "Falta dinheiro: esta falta de dinheiro é causada pela estagnação das transações". "Há um Deus; Este Deus é o criador do céu e da terra"; etc. etc.

Por isso, parece-me que apenas em um sentido a expressão "proposição sem sujeito" se justifica e, talvez, até mesmo se deixa recomendar, ou seja, quando se leva em consideração que o conceito nela contido, enquanto único, também é naturalmente o conceito principal, tal como o predicado reconhecido por nós nas proposições categóricas. Similarmente também se deveria, de fato, preferir dizer das proposições categóricas em relação com as proposições hipotéticas, que elas são proposições sem antecedente, do que elas são proposições sem consequente; não como se onde não se pudesse falar de nenhum antecedente, não se pudesse falar de um consequente, e sim porque na proposição hipotética composta o consequente é justamente a proposição principal. Desse modo, portanto, talvez eu pudesse concordar com o autor acerca da expressão "proposições sem sujeito".

Outro ponto, entretanto, no qual eu não estou bem de acordo com ele, é a questão da extensão na qual as proposições sem sujeito são aplicáveis. Miklosich enfatiza, corretamente, que de modo algum os limites aqui devem ser estreitos. Mas ele acredita - e precisamente sua tentativa de delinear e classificar a multiplicidade entre os conteúdos exprimíveis mostra isso claramente - que, em todo caso, os limites existem. Mas isto não me parece correto. Pelo contrário, a aplicabilidade da forma sem sujeito deveria antes, encarada de forma rigorosa, ser ilimitada, como eu acredito já ter demostrado em minha Psicologia: todo juízo que possa ser pronunciado na forma categórica, hipotética ou disjuntiva, deixa-se vestir também sem a menor mudança de significado na forma de uma (proposição) sem sujeito ou, como eu me expressei, de uma proposição existencial. Assim, a proposição *algum homem está doente* é sinônimo de *existe um homem doente* e a proposição *todos homens são mortais* é sinônimo de *não existe um homem imortal*, e assim por diante.[3]

---

[3] Nota do autor] Observação posterior (1889): O que digo aqui acerca da aplicabilidade geral da forma existencial, só vale com a limitação óbvia aos juízos verdadeira e perfeitamente unitários. Como expressão de tais juízos, a lógica sempre usou a forma categórica; a vida também os utiliza frequentemente como expressão de uma pluralidade de juízos construídos uns sobre os outros, o que fica tão claro na proposição "este é um homem". Na indicação do "este" já está incluída a crença na existência e um segundo juízo atribui a ela, então, o predicado "homem". Algo semelhante acontece frequentemente. Em minha opinião, a designação originária da forma categórica era a de servir a tais juízos duplos, os quais reconheciam algo e a ele atribuíam ou contestavam alguma outra coisa. Eu também acredito que as formas existencial e impessoal sejam provenientes dela por

Parece-me que, em outra relação, Miklosich tem a aplicabilidade de suas proposições sem sujeito muito limitada. Nós ouvimos dele que tais proposições seriam "um privilégio da língua, do qual nem todas as línguas poderiam se gabar" (p. 26). Isso parece pouco plausível, se é correto o que ele mesmo prova tão convincentemente em outro lugar, a saber, que há juízos, e houve desde o início, nos quais dois conceitos não estão relacionados um ao outro e, portanto, também seria impossível que eles fossem expressos por meio da ligação de um sujeito com um predicado (cf. p. 16). Portanto, a partir disso estabelece-se com Miklosich não apenas a existência necessária das proposições sem sujeito em geral, mas também, contra ele, que a existência de tais proposições deve ser inferida em todas as línguas.

Que o autor se enganou sobre isso, parece-me que se deixa esclarecer ao menos em parte do fato de que, para ser muito cuidadoso e não recorrer a nenhum exemplo injustificado para sua tese, ele ousou fazer valer certas proposições, que na verdade são proposições sem sujeito, não enquanto tais. Nós ouvimos Miklosich expressar a ideia de que o verbo finito [conjugado] das proposições sem sujeito sempre está na terceira pessoa do singular e está no neutro onde cabe a forma da diferença de gênero. Esse de fato era um limite muito estreito que ele próprio também rompeu, claro que somente muito mais tarde, em um ponto da segunda parte do ensaio, quando ele diz: "em *es ist ein Gott* (existe um Deus) o conceito *Gott* (Deus) está absolutamente colocado sem sujeito e, do mesmo

---

meio de alterações da função. Isso nada a altera em sua característica essencial: um pulmão não é uma bexiga de peixe, mesmo que geneticamente ele seja proveniente dela, e a preposição (alemã) "*kraft*" não deixa de ser uma mera partícula sincategoremática (ver Mill, *Logic* I, 2 § 2), porque ela deriva sua origem de um substantivo.

modo, em *es sind Götter* (há deuses)". E aqui ele acrescenta "o *'é'* da proposição existencial assume a posição da chamada cópula, *'é'*, que se mostra indispensável em muitas línguas, mas de modo algum em todas, tem o mesmo significado que a terminação pessoal dos verbos finitos, tal como *es ist Sommer* [é verão], *es ist Nacht* [é noite] claramente indicam ao lado de *es sommert* [faz verão/veraneia] e *es nachtet* [anoitece]. "*'É'*, portanto, não é um predicado" (p. 34. Também ver a propósito p. 21). No caso, se a proposição *es gibt einen Gott* (há um Deus), como também a proposição *es ist ein Gott* (existe um Deus), é considerada sem sujeito, então também *es sind Götter* (existem Deuses) é considerada sem sujeito e a regra previamente estabelecida se provou como muito estreita. Pelo fato de que as proposições existenciais (e quaisquer estruturas semelhantes) sejam todas computadas entre as proposições sem sujeito, deveria se confirmar, o que queríamos demonstrar acima, que precisamente não há e nem pode haver nenhuma língua que careça completamente dessas proposições mais simples. Portanto, apenas alguns tipos especiais de proposições sem sujeito deveriam ser aquilo que nós deveríamos admitir aqui, com Miklosich, como o privilégio próprio de certas línguas.

Estas são as críticas que eu considero necessário fazer. Vê-se que elas, se consideradas corretamente, tampouco prejudicam a ideia principal do autor em sua exatidão ou em seu valor, e que antes elas permitem atribuir-lhe um significado ainda mais amplo. E assim eu concluo, pois, com votos renovados: tomara que o rico conteúdo deste pequeno escrito, o qual não foi suficientemente notado em sua primeira publicação, encontre os interessados (que fazem jus à importância da questão e à excelente condução da investigação) nesta segunda edição, que corrige pormenores, amplia muitas coisas e, em brevidade lacônica, com verdadeira força dialética, refuta as objeções críticas de estudiosos como Benfey, Steinthal, entre outros.

Referências

BRENTANO, Franz. Miklosich über subjektlose Sätze (1883). In. _____________. *Psychologie vom empirischen Standpunkte*. Zweiter Band. Hamburg: Feliz Meiner, 1973, p. 183 - 196.

BRENTANO, Franz. *Miklosich acerca das proposições sem sujeito (1883)*. Trad. Evandro O. Brito e Maicon R. Engler, *Revista PERI*, v. 09, n. 01, 2017, p. 239 - 261.

MIKLOSICH, Franz. *Subjektlose Sätze*. Wien, Braumüller, 1883.

SOBRE O CONCEITO DE VERDADE (1889)[1]

Trabalho apresentado à Sociedade filosófica de Viena em 27 de março de 1889

1. Quando Aristóteles fundou a ciência, em sua maior amplitude, ele precisou de uma terminologia científica que não existia. Aristóteles precisou estabelecê-la para si e, com isso, comprovou sua grande prudência e seu fino tato científico. Ele introduziu uma série de nomes completamente novos. Outros nomes, os quais ele tomou emprestado da linguagem ordinária, ele definiu-os precisamente quando eram imprecisos e, quando eram ambíguos, ele distinguiu-os seus múltiplos sentidos, esclarecendo-os todos pela separação entre os componentes conceituais dos conteúdos.

2. Equívocos inimagináveis foram, então, explicitados a partir do nome *causa,* do nome *parte* e também do próprio nome *ser*. Certas formas de equívocos foram encontradas quase universalmente em cada palavra ou, ao menos, em classes inteiras de palavras. Por exemplo, a ambiguidade em virtude da qual nós designamos com um mesmo nome seja uma atividade, seja uma capacidade, seja uma disposição para ação. Frequentemente, nós dizemos de um homem que ele vê, em oposição ao cego, ainda quando ele tem os olhos fechados: ele

---

[1] Este texto foi publicado primeiramente pela Editora Centro Universitário Municipal de São José e fez parte do livro *O Conceito de verdade* (2014). Sua tradução foi realizada por Evandro O. Brito (UNICENTRO), sob a supervisão de Werner L. Euler (UFSC), com suporte dos professores Udo Tellmann, Katy Rdjabi e Jacqueline Schreyer do IIK Düsseldorf.

tem a capacidade de ver. Frequentemente, nós dizemos de alguém que ele não ouve, e com isso queremos dizer que ele é surdo. Dizemos, o homem é um ser pensante, computando ainda sem contradição alguém que está desmaiado. Dizemos que saber é conhecer a partir das causas, mas atribuímos sabedoria ao erudito, ainda quando dorme, em razão da permanência das disposições adquiridas. Dizemos, de modo contrário, sei o que ele quer, embora admitamos que nem sequer estamos seguros de que ele pensa tal coisa no momento. Dizemos de alguém, do mesmo modo, que ele toca flauta, algumas vezes querendo dizer que ele efetivamente a toca, outras vezes atribuindo-lhe apenas a arte de tocá-la etc.

3. Aristóteles não eliminou estes equívocos que são recorrentes e, como dizem, pertencem ao espírito da língua. De modo contrário, ele os imitou e os multiplicou. Ninguém que considere corretamente o assunto fará contra ele, por isso, uma acusação. Assim, deveriam calar, então, muitas das acusações que se mantêm contra Aristóteles por causa das ambiguidades de seus termos. Não se pode negar, certamente, que os mal-entendidos são originados pela concisão de seu estilo e pela forma de escrever que propriamente pressupõe um novo Aristóteles como leitor.

4. Aristóteles conhecia os perigos lógicos da equivocidade. Ele estudou profundamente esse fenômeno linguístico e distinguiu três classes: equívocos contingentes; equívocos causados por uma analogia; equívocos causados pelas relações de *outros termos* para com *um*, o qual possui o nome no sentido mais próprio.

5. Os equívocos contingentes estão quase sempre limitados a um único idioma. Os trocadilhos quase sempre são perdidos nas traduções. Os outros, os quais se assentam em um tipo de conexão de ideias, as quais são comuns a diversos idiomas, nós os encontramos frequentemente de modo uniforme em todos.

6. Assim, isto ocorre também, então, com os equívocos que Aristóteles expôs no tradicional e importante termo *ἀληθές*. O que ele disse sobre este vale exatamente como se ele tivesse diante de si o latim *verum* ou o alemão *wahr*. Deste modo, as distinções dos significados de *verdadeiro*, como em geral as determinações do conceito de verdade dadas por Aristóteles, puderam se tornar válidas, como de fato ocorreu, muito além das fronteiras do helenismo e se mantiveram durante os milênios nos quais a tocha da filosofia passou nas mãos dos povos estrangeiros.

7. Ouçamos, portanto, como o poderoso espírito científico que mais influenciou a engenhosidade humana explica o termo *verdade*.

Os termos *verdadeiro* e *falso*, diz ele, são ambíguos em função da diversidade de relações para com *um*, ao qual o nome pertence em sentido próprio.

Chamamos muitas *representações* de verdadeiras e falsas, por exemplo, falsas alucinações. Chamamos *conceitos* de verdadeiros e falsos. Chamamos *juízos* de verdadeiros e falsos. Chamamos *suposições*, *esperanças* e *preocupações* de verdadeiras e falsas. Chamamos *um coração*, um *espírito* de verdadeiro e falso *(un esprit faux)*. Chamamos *as coisas* externas de verdadeiras e falsas. Chamamos *provérbios* de verdadeiros e falsos, um *comportamento* de verdadeiro e falso, *expressões*, *letras* e muitos outros *sinais* de verdadeiros e falsos. Nós chamamos um *amigo*, chamamos *ouro* de verdadeiro e falso. Nós dizemos verdadeira *felicidade* e falsa *felicidade*. Esta última em sentido bem diverso. Às vezes, porque ela é apenas uma *felicidade* aparente, mas às vezes porque ela é uma *felicidade* que nos abandona deslealmente. Neste sentido, nós dizemos ocasionalmente que uma *mulher* é falsa, quando uma jovem flerta conosco para nos enganar. Em outro sentido, uma falsa *mulher* seria um homem que se faz passar por uma mulher, como às vezes um ladrão é preso em trajes femininos. Em outro sentido, quando alguém que não tem esta pretensão e mesmo assim é tomado como uma mulher, tal como, por exemplo, ocorreu comigo em um crepúsculo à porta da fortaleza de Würzburger. Eu trajava uma batina e o susto pela decepção foi enorme e muito cômico.

8. A ambiguidade da expressão *verdadeiro* salta aos olhos por meio desse uso diverso. Do mesmo modo, nota-se facilmente a *relação para com um* que será determinante em todos os casos. Ela é tal como a expressão *saudável* que nós aplicamos seja a um corpo, seja à cor da face, seja a um prato, a um medicamento, a um lugar ou a um passeio. O *corpo sadio* é saudável no sentido próprio. Tudo o mais é considerado saudável em relação a sua saúde. A cor, porque a simboliza. As outras coisas, porque a oferecem, a fomentam ou a produzem.

9. E qual é este *um*? Onde se encontra a verdade no sentido próprio? Ela encontra-se no juízo, diz Aristóteles. Todas as outras coisas chamadas verdadeiras e falsas possuem este nome em relação à verdade e à falsidade no juízo. Algumas, porque enunciam um juízo verdadeiro ou falso, como uma falsa alegação, uma falsa declaração. Outras, porque originam um juízo verdadeiro ou falso. Por exemplo, uma alucinação, uma palavra mal pronunciada ou mal escrita, um metal tomado como ouro por causa da similitude de sua cor. Algumas, porque pretendem produzir um juízo verdadeiro ou falso. Por exemplo, uma verdadeira animosidade, um falso comportamento. Outras, porque alguém que as toma por reais, as julga verdadeiras ou falsas. Por exemplo, um verdadeiro Deus, uma verdadeira pedra, ao invés de pintados. Nós chamamos alguns conceitos verdadeiros ou falsos em relação àquilo que é congruente ao seu conteúdo, pois aquele que o concebe julgaria verdadeira ou falsamente. Por exemplo, se dissermos que uma figura de quatro ângulos não é o verdadeiro conceito de quadrado, e assim por diante.

10. Portanto, a verdade e a falsidade, tomadas no sentido próprio, encontram-se no juízo. Todo juízo é, assim, ou verdadeiro ou falso.

11. Quando, segundo ele, um juízo é verdadeiro? Quando é falso? Aristóteles responde que o juízo é verdadeiro quando aquele que julga o concebe em conformidade com as coisas, no caso contrário é falso. "Quando alguém toma por separado o que é separado, unido o que é unido, seu juízo é verdadeiro. E ele erra quando concebe as coisas de modo contrário ao que são" (Metafísica, IX, 10, 1051 b3).

12. Com isso, tal verdade foi esclarecida pela concordância de um juízo com as coisas reais.

13. Esta definição estava preparada há muito tempo.

a) Os antigos jônicos deixaram-nos conhecer as matérias e as forças exteriores a nós por meio de matérias semelhantes em nós.

Com a terra, vemos a terra;
com a água, a água;
com o ar brilhante, o ar;
com o fogo consumidor, o fogo;
com o Amor, vemos o Amor;
com a Luta, a temida Luta.

Empédocles

b) As teses paradoxais dos sofistas também lidam com as dificuldades que estão conectadas a essas opiniões preliminares. Górgias nega, consequentemente, que algo real seja conhecido e, ainda que fosse o caso, que o conhecimento poderia ser comunicado entre um e outro. A não ser consigo mesmo, nada corresponde completamente a qualquer coisa. O que está fora de mim, não está em mim. O que está em mim e permanece, não passa para outro. Não há, assim, verdade e não há meio possível de comunicar a verdade. Se alguma coisa por nós pensada precisasse ser designada como verdadeira, dizia Górgias, então tudo o que nós pensamos seria designado como verdadeiro, pois cada pensamento é um consigo mesmo e diferente de todos os outros. O fato de que, no entanto, cada pensamento fosse designado como verdadeiro, também o seria quando eu pensasse em uma batalha de carroças sobre o mar, o que seria uma contradição.

c) Havia, no entanto, outro sofista que defendeu esta tese oposta. Nada é falso, disse Protágoras, mas é verdadeiro tudo em que é sempre possível alguém acreditar. Como ele pensa o ser, assim é o ser. Como ele não o pensa, assim ele não o é.

Está muito claro para nós, eu creio, o modo como Protágoras chegou a essa ideia. Se cada crença é verdadeira devido à perfeita concordância com algo existente, então toda crença é verdadeira, pois é idêntica a si mesma. Também Aristóteles remete, para esclarecer, à conexão com as doutrinas da escola jônica, com as quais também está relacionada à tese oposta de Górgias. Como um autêntico sofista, como o mais autêntico, isto é, como o sofista de Platão e Aristóteles, não como ele se encontra caracterizado por Grote que viveu um pouco mais tarde, Protágoras fez do paradoxo (como está explícito) no qual ele havia sucumbido, o ponto de partida de um animado jogo. *Os pugilistas estendidos no chão* (*χαταβάλλοντες*) é o nome do escrito no qual ele defendeu a tese. Parece que ali se distribuem golpes e se defendem de objeções óbvias.

À objeção de que a mesma coisa, ao mesmo tempo, é e não é, parece ter respondido que não é absurdo. Ela simplesmente é apenas para um e não é para o outro.

Que uma justificação cientificamente fundamentada não foi apresentada, ou mesmo ensaiada, observa-se pelo fato de que nem Platão e nem Aristóteles, que tiveram esse escrito diante dos olhos, puderam compreender diretamente como

Protágoras chegou a essa tese, senão que estavam totalmente orientados por conjecturas, as quais foram obtidas com mais sucesso por Aristóteles, que estava plenamente familiarizado com a história anterior e, em todos os casos, se mostrava ricamente dotado de sentido histórico.

Eu explicitei os trilhos do caminho que levam à tese protagórica.

"O que pode ser pensado é apenas o pensamento do que é"
(*ταυτὸν δ'ἐστὶ νοεῖν τέ χαί οὕνεχεν ἐστι νόημα*)

disse também Parmênides. O que há de mais próximo do paradoxo de que *todo pensamento é verdadeiro*? Cada pensamento está de acordo consigo, pois sob essa condição concorda plenamente com seu objeto.

14. Não permaneçamos mais na pré-história da definição aristotélica de verdade. Em vez disso, veremos como ela repercutiu na posteridade. Nós veremos, então, que ela prevaleceu, desde aquela época até os dias atuais, com exceções infinitamente pequenas.

15. A idade média também disse que o verdadeiro e o falso no sentido próprio se encontram no juízo e definiu a verdade como *adaequatio rei et intellectus.*

16. Na lógica cartesiana, que Arnauld nos apresenta na *Lógica de Port-Royal* (parte 2, capítulo 3), é dito que "as proposições também são divididas de acordo com a matéria em verdadeiras e falsas. E é claro que não pode haver nenhuma que não seja nem verdadeira nem falsa; já que toda proposição que marca o juízo que fazemos das coisas é verdadeira quando esse juízo é conforme à verdade (*Wirklichkeit*), e falsa quando não é". A grande revolução, portanto, que Descartes realizou, deixou inabalável a definição Aristotélica da verdade.

17. Se nós acreditamos em Windelband, outra coisa se consumou naquela outra grande revolução ocorrida filosofi-

camente na Alemanha, enquanto a França rompia politicamente com a tradição do passado.

Kant teria sido o primeiro a reformar o conceito aristotélico ou, como diz Windelband, socrático de verdade. Nisso estaria a verdadeira proeza de Kant, e não naquilo em que outros querem encontrar. Em seu *Präludien* (p. 140 e 149), diz ele, "compreende-se mal todo o propósito de Kant e interpreta-se sua doutrina tão distorcidamente quanto possível, quando se pensa que ele havia demonstrado que a ciência poderia obter apenas a figuração do mundo dado como fenômeno, de coisas em si, que, no entanto, não pediam ser conhecidas. A verdade é..., que uma figuração da realidade (*Wirklichkeit*) não faz sentido para ele". Esta questão faz sentido apenas para os socráticos que mantêm firmemente o conceito de verdade como concordância entre a representação e a coisa (dever-se-ia chamar juízo e coisa) e, por isso, ainda também para os filósofos franceses do século XVIII que, com uma espécie de indício cético, negam ao ser humano a capacidade de reconhecer as coisas tais como elas são em si. Kant não conhece tal barreira para o nosso conhecimento. Ele mudou justamente o conceito de verdade. Verdade é, segundo ele, aquilo que está em concordância com a norma do espírito e não aquilo que está em concordância com o objeto. Dever-se-ia entender como objeto, portanto, nada mais que essa regra. A verdade também se encontra, segundo Kant, não apenas no juízo, no pensamento, ela encontra-se igualmente em todos os outros campos da atividade espiritual, no querer, no sentir, se eles forem normais.

18. Nós vemos, assim, realizada no magnífico sentido, a reforma do conceito de verdade que tanto se fez esperar. O que mais poderia divergir os filósofos, se eles buscam por uma verdade em sentido completamente diverso, deste modo apenas nominal em si mesma, e de fato buscam por fins completamente diversos. Windelband divide, assim, todos os filósofos entre os retrógrados socráticos e os progressistas kantianos. A vitória pertence a estes, os outros já não mais existem.

"Todos nós", diz ele no prefácio, "nós que filosofamos no século XIX, somos alunos de Kant".

19. Bem, meus senhores, se vocês, por exemplo, também me toleram e me computam entre os filósofos, então vocês devem reconhecer o exagero dessa declaração. Eu considero toda a filosofia kantiana uma aberração que levou a erros ainda maiores e, finalmente, ao completo caos filosófico. Eu acredito, porém, que aprendi muito a partir de Kant, mas não aquilo que ele queria me ensinar. Eu aprendi, sobretudo, como é atrativa para a filosofia de massa, e como é enganosa a glória que a história da filosofia vincula a um nome. O homem que marca uma época deve ter uma poderosa personalidade, mas se sua influência foi uma benção ou um desastre, e se fizemos bem ao tomá-lo como modelo e como mestre, isso continua sendo muito questionável.

20. Outra coisa, no entanto, torna suspeita a fidedignidade da história de Windelband.

Como? Kant não ensinou, entretanto, que, dada a coisa em si, ela é teoricamente desconhecida para nós? Ele não acreditava com base em motivos práticos que um Deus pertence a essas coisas em si e seria apenas teoricamente não provado? Ele não acreditava ter estabelecido um limite para o nosso conhecimento, dizendo que nós podíamos conhecer apenas os fenômenos, porque nós teríamos apenas a intuição sensível e não temos qualquer intuição intelectual, como talvez realmente a tenham outros como nós? Eu preciso dizer aqui em voz alta que o contrário do que diz Windelband é afirmado enfaticamente pelos que conhecem Kant e pelo próprio Kant?

21. Porque nós deveríamos não duvidar de quem (eu não sei a partir de qual sede de inovação e impulsionado por quais reivindicações picantes) relata tão engenhosamente os principais ensinamentos de Kant, como se ele não nos narrasse também um conto de fadas sobre o conceito kantiano de verdade? Ele não nos apresenta sua própria concepção doutrinária sob o nome Kant, de modo que, talvez, nós não devêsse-

mos computar o próprio Kant entre esses chamados kantianos ou, talvez, toda filosofia não deveria ser dividida em socrática e kantiana, mas em socrática e windelbandiana?

22. Temos à mão a *Crítica da Razão Pura* e o próprio Windelband disse que se ateve exclusivamente a ela, assim o livro deve decidir.

Ouçam e surpreendam-se com a capacidade de um historiador alemão da filosofia ao apresentar um filósofo alemão ao público filosófico, especificamente esse que ele declara ser o maior entre eles e, em todo caso, o mais célebre atualmente.

a) Onde se encontra, segundo Kant, a verdade em sentido próprio?

Windelband diz: em todas as áreas da atividade espiritual, não apenas no pensamento, mas também na vontade e similares.

O que diz o próprio Kant? Na Lógica transcendental, parte 2, que ele denomina "Dialética Transcendental", nós de imediato lemos o seguinte na primeira página (Hartenstein, Ed 1838 v. II, p 276)[2]: "a verdade ou a aparência não estão no objeto, à medida que é intuído, mas no juízo sobre ele, à medida que é pensado. Pode-se pois dizer que os sentidos não erram, não porque o seu juízo seja sempre certo, mas porque não ajuízam de modo algum. Eis porque só no juízo, ou seja, na relação do objeto com o nosso entendimento, se encontram tanto a verdade como o erro e, portanto, também a aparência, enquanto induz a este último. Num conhecimento, que concorde totalmente com as leis do entendimento, não há erro".

---

2 A referida citação da *Crítica da Razão Pura* encontra-se em B350. Optamos por apresentá-la na língua portuguesa a partir de sua tradução elaborada para a 5ª. Edição por Manoela Pinto dos Santos e Alexandre Fradique Mourão. KANT, Immanuel. *Crítica da Razão Pura*. Fundação Calouste Gulbenkian: Lisboa, 2001. P 321.

Em relação à primeira pergunta, (onde, segundo Kant, a verdade se encontra?), não é mais preciso qualquer palavra.

b) O que é, então, a verdade que segundo Kant se encontra apenas no juízo?

Ele não entende, acerca dela, nada mais que a concordância do juízo com o objeto, como haviam feito os antigos? Nós ouvimos o que Windelband disse acima, ouçamos também o que Kant tem a nos dizer.

> "O que é a verdade?", pergunta Kant na Introdução à Lógica Transcendental, cap. III, p. 93[3], e responde ele que "a definição nominal do que seja a verdade, que consiste na concordância do conhecimento com o seu objeto, admitimo-la e pressupomo-la aqui; pretende-se, porém, saber qual seja o critério geral e seguro da verdade de todo o conhecimento".

O que, então, ensina Kant aqui? Que seria falso algo como o que foi dito antes, que a verdade seria a concordância de um juízo com seu objeto? Pelo contrário, ele a assume como antecipadamente conhecida e, sem dúvida, no sentido familiar. Ouçamos também o que se segue imediatamente (p. 94)[4]: "se a verdade consiste na concordância de um conhecimento com o seu objeto, esse objeto tem, por isso, de distinguir-se de outros; pois um conhecimento é falso se não concorda com o objeto a que é referido, embora contenha algo que poderia valer para outros objetos". Não nos parece que Kant protesta contra aquilo que Windelband lhe imputa, como se ele tivesse

---

[3] KANT, Immanuel. *Crítica da Razão Pura*. Lisboa: Fundação Calouste Gulbenkian, 2001, p. 119.
[4] Idem, ibidem.

alterado a antiga definição, ao menos em seu sentido, ao conceber outra coisa como objeto, ou seja, uma regra do espírito?

Supondo a hipótese "embora contenha algo que poderia valer para outros objetos", o que ele pretendia dizer? Outras regras? Regras existentes para outros espíritos? Quem seria tão benevolente para aceitar cair em tal truque de interpretação? Kant não se cansa. Ele continua a falar da regra e a difere dos objetos (p. 94)[5]: "Ora, um critério geral da verdade seria aquele que fosse válido para todos os conhecimentos, sem distinção dos seus objetos. É, porém, claro, que, abstraindo-se nesse critério de todo o conteúdo do conhecimento (da relação ao objeto) e referindo-se a verdade precisamente a esse conteúdo, é completamente impossível e absurdo perguntar por uma característica da verdade desse conteúdo dos conhecimentos e, portanto, é impossível apresentar um índice suficiente e ao mesmo tempo universal da verdade. Como acima já designamos por matéria o conteúdo de um conhecimento (= juízo), teremos de dizer: não se pode exigir um critério geral da verdade do conhecimento, quanto à matéria, porque tal seria, em si mesmo, contraditório" assim por diante até a p. 96[6] "por mais vazio e pobre que possa parecer, que" etc.

Eu penso que ninguém entre nós ainda exigiria outras afirmações decisivas após provas tão contundentes. Nosso tempo também não seria suficiente para apresentá-las todas. Permitam-me apresentar apenas algumas pequenas citações muito indicativas de que Kant não pensa que o objeto influencia e conduza, como uma regra, a função do pensamento.

> "Todas as representações, como representações, têm o seu objeto e podem, por seu turno, ser objeto

---

[5] Idem, ibidem.
[6] Idem, ibidem, p. 121.

de outras representações. Os fenômenos são os únicos objetos que nos podem ser dados imediatamente, e aquilo que neles se refere imediatamente ao objeto chama-se intuição. Ora esses fenômenos não são coisas em si, mas somente representações que, por sua vez, têm o seu objeto, o qual, por consequência, já não pode ser intuído por nós e, por isso, é designado por objeto não empírico, isto é, transcendental = X."[7]

"O conceito puro deste objeto transcendental (o qual na realidade em todos os nossos conceitos é sempre = X) é o que em todos os nossos conceitos empíricos em geral pode proporcionar uma relação a um objeto, isto é, uma realidade objetiva (*objektive Realität*)."[8]

"O entendimento, falando em geral, é a faculdade dos *conhecimentos*. Estes consistem na relação determinada de representações dadas a um objeto. O *objeto*, porém, é aquilo em cujo conceito está *reunido* o diverso de uma intuição dada. Mas toda a reunião das representações exige a unidade da consciência na respectiva síntese. Por consequência, a unidade de consciência é o que por si só constitui a relação das representações a um objeto, a sua validade objetiva portanto, aquilo que as converte em conhecimentos, e sobre ela assenta,

---

[7] Idem, ibidem. p. 175-176. [Brentano cita Kehrbach (1838, P. 122.) e HA (Hartenstein), p. 646].

[8] Idem, ibidem.

> consequentemente, a própria possibilidade do entendimento".[9]

Nós também recebemos, desse modo, as informações sobre a segunda pergunta diretamente da fonte mais confiável.

23. Sem dúvida! Kant também mantém a definição aristotélica de verdade como concordância entre o juízo e a realidade (*Wirklichkeit*). Nós podemos dizer, assim, acerca de todos os pensadores que apareceram depois de Aristóteles e marcaram sua época, que eles não encontraram motivos para fazer uma mudança aqui, por mais revolucionários que tenha sido em outras questões.

24. De modo contrário, no entanto, vocês bem veem a partir do exemplo de Windelband que não faltaram tentativas de se liberar. Alguns outros, de modo similar a Windelband, caíram na ideia de substituir o conceito de concordância com o objeto pelo conceito de normativo e, se não de normativo em geral (como fez Windelband), de juízos normativos e prescritivos. Em Sigwart, por exemplo, encontram-se tais declarações que recuam novamente ao antigo conceito de verdade, ainda que muitas vezes de modo inconsistente. Toda a lógica de Sigwart nada aqui em águas turvas.

25. Essa pretensa tentativa de reforma é facilmente refutável. Se verdade fosse realmente a conformidade dos juízos com a regra, então estaria errado todo juízo insuficientemente fundado ou totalmente cego. Esse, no entanto, não é o caso. A intuição (*Einsicht*) deve ser sempre verdadeira, mas pode ser tanto verdadeira, ou falsa, uma suposição leviana, um mero preconceito, uma opinião pouco autorizada que eu assumo ou suponho porque ela é consensual. Já Aristóteles salientou que

---

[9] Idem, ibidem. p. 163. [Brentano cita Kehrbach (1838, P. 662.) e HA (Hartenstein) p. 131-132].

se chega frequentemente a uma conclusão verdadeira a partir de premissas falsas. Minha convicção estaria, então, em desacordo com a norma e, a partir desse princípio, desaprovada. No entanto, isso acerca do qual estaria convencido seria verdade.

26. Nós temos, assim, entre as definições tradicionais, apenas aquela antiga que, dada já pelo fundador da lógica, permanece como tal e tem nosso assentimento.

27. Não se pode negar, no entanto, que ela está repleta de dificuldades.

28. Impõe-se, acima de tudo, uma reflexão que, no essencial, é também a reflexão do velho Górgias.

Pensada no sentido mais amplo, concordância é identidade. Parece, de fato, que aqui ela teria este significado. Pois, em certos aspectos também existe uma concordância entre Pedro e Paulo. Se meu juízo, por meio do qual reconheço Pedro, não concordasse mais com Pedro que com Paulo, então ele não seria verdade, ao menos não seria a verdade de Pedro. Se ele está, no entanto, plenamente de acordo consigo, então ele é idêntico a Pedro. Ele é, assim, o próprio Pedro que, no entanto, está no exterior e não no meu espírito. Ouçam, por exemplo, como argumenta o professor berlinense Dilthey, a partir desse ponto de vista, contra a possibilidade de conhecimento do mundo exterior, tal como ele é em si mesmo. Em sua *Introdução às Ciências do Espírito I, p. 518,* ele fundamentou sua tese com as seguintes palavras: "assim, uma representação nunca pode ser idêntica a uma coisa, à medida que esta é concebida como uma realidade (*Realität*) independente (Dilthey concebe o juízo como uma associação de representações). Ela não é uma coisa colocada dentro da alma e não pode ser acomodada a um objeto pressuposto. Enfraquece-se o conceito de igualdade por meio do conceito de semelhança, pois esse conceito pode não ser aplicado aqui em seu sentido exato: a representação da concordância escapa em sua indefinição".

Dilthey também não acredita que nós não poderíamos conhecer as intenções e convicções alheias, tal como são em si mesmas. Um crítico, no entanto, observou acertadamente que Dilthey consequentemente deveria afirmar a impossibilidade de se conhecer o erro de alguém. "Para que conhecêssemos, assim, o erro de outrem, precisaríamos ter seu erro introduzido em nossa alma. Isto, porém, é impossível. Se isso fosse possível, então nós não reconheceríamos corretamente que ele erra, pois nós teríamos nos tornado partícipes de seu erro". Em função disso, seria bem melhor considerar equivocada a definição de verdade como concordância do pensamento com o objeto. De fato, se Sigwart em sua Lógica se empenha em fazê-lo, é esse pensamento que o impulsiona, como também parece ter influenciado Windelband.

29. Este argumento está, no entanto, completamente injustificado. Ele baseia-se no desconhecimento de uma diferença, a qual Descartes designou como diferença entre a realidade formal e realidade objetiva (*formaler und objektiver Realität*), a qual, no entanto, há muito tempo Aristóteles já elucidou e, com isso, superou as absurdidades e os sofismas de Parmênides, Empédocles, Górgias, Protágoras entre outros.

Quando eu creio algo, esta crença está "formalmente" em mim. Quando mais tarde eu me recordo dessa crença, então ela está, segundo a expressão de Descartes, "objetivamente" em mim. Trata-se do mesmo ato individual de crença, mas no primeiro caso eu o exerço e no outro caso ele é apenas o objeto imanente da atividade de rememoração, a qual eu exerço. Algo análogo ocorre com todas as outras funções psíquicas como vontade, desejo, aversão etc. Com o ato psíquico, o qual é dado formalmente, algo é dado como objeto imanente do ato psíquico, portanto objetivamente para falar como Descartes, ou intencionalmente, como nós consideramos melhor expressar a fim de evitar mal-entendidos. Evidentemente, não há qualquer contradição em que algo individual seja intencional em mim e não seja formal, ou o contrário, o que poderíamos explicitar por meio do exemplo da memória e outros mil. O desconhecimento deste fato manifesta-se como um retorno à pré-história da teoria do conhecimento.

30. Se, no entanto, essa dúvida foi realmente eliminada já há muito tempo, permanecem outras, as quais não parecem tão fáceis de eliminar.

Uma parte delas está ligada à peculiaríssima formulação de Aristóteles, a qual está condicionada pelas imperfeições em sua concepção geral dos juízos. Essas dúvidas desaparecem tão logo esses erros sejam corrigidos.

Outro caso, no entanto, não se deixa eliminar desse modo.

31. Primeiramente, algumas palavras sobre as primeiras. Aristóteles diz, em seu livro *De Interpretação*, que juízo consiste em uma interligação de pensamentos (*συμπλοχὴ τῶν νομάτων*), o qual seria uma composição (*σύνθεσις*). E essa consiste no fato de que, quando se julga, toma-se **uma coisa real** como unida ou como separada de alguma **outra coisa** que é **igualmente real**. Tomando-se por coisas unidas, aquelas efetivamente unidas, e por coisas separadas, aquelas que são efetivamente separadas, então se julga verdadeiro. No caso contrário, falso, quando se procede contrariamente para com as coisas.

32. Aqui estão algumas coisas que devem causar incômodo. Isto se aplica, sobretudo, à afirmação de que uma separação, uma existência separada das coisas, as quais correspondem ao sujeito e predicado nos juízos, seria necessária para a verdade dos juízos negativos, bem como para a falsidade dos juízos afirmativos. Se eu digo de um cão que ele é um gato, então é perfeitamente certo que aqui o sujeito (um cão) e o predicado (um gato) existem separados, e que eu julgo falsamente quando considero esse cão como um gato. Meu juízo não é falso, no entanto, porque esse cão e um gato existem separados. Se não existissem gatos, nem unidos com o cão e

nem separados do cão, ainda assim meu juízo seria seguramente tão falso como agora.

33. Se ainda fosse necessário, isso também poderia ser esclarecido pela comparação com outros casos. Se eu julgo, por exemplo, que certo tom *dó* é a vigésima oitava de *lá*, então eu julgo certamente tão falso como se eu o concebesse como a primeira oitava de *lá*, embora apenas esse se encontre separado e não aquele tom *dó* completamente imaginário. Por isso, em vez de dizer que o juízo negativo é verdadeiro quando o predicado se encontra diferente do sujeito na realidade (*Wirklichkeit*), nós devemos dizer que o é quando não se encontra unido a ele.

A definição de verdade seria então, num primeiro momento, assim: um juízo é verdadeiro quando atribui a uma coisa algo que na realidade (*als Realität*) é dado unido a ela, ou nega em uma coisa o que na realidade (*in Wirklichkeit*) não é dado unido a ela.

34. Essa mudança, no entanto, apesar de conter uma correção substancial, ainda não foi suficiente. Nosso juízo afirmativo, então, é sempre a união de uma determinação real com outra determinação real? É fácil demonstrar que este não é o caso. Quando eu creio que um determinado objeto real é um cão ou um corpo, ou também que ele é redondo ou vermelho, então se impõe a mim certamente a ligação de uma determinação real com outra. O que ocorre quando eu acredito, não que um cão ou um corpo é uma determinada coisa, mas simplesmente na existência de uma coisa, enquanto eu julgo que uma determinada coisa existe? Alguns acham realmente que aqui ocorre uma ligação, enquanto se junta a existência à coisa. Pergunta-se o que, então, eles entendem por essa existência (*Existenz*), e então eles respondem que um *existente* (*Existierendes*) quer dizer uma *coisa* (*Ding*) no sentido mais indeterminado e geral. Diz-se, assim, que *alguma coisa é,* tal como se diz que *alguma coisa é uma coisa.*

Uma estranha interpretação, a qual Aristóteles já reconheceu que não poderia estar correta. Assim, ele esclareceu no livro nono de sua *Metafísica* que em tal caso não se encontra qualquer crença em um estar unido e, de modo geral, nenhuma união de muitas ideias, pois nesse caso o pensamento é um ato muito simples.

35. Precisamente por esse motivo, segundo Aristóteles, também Deus como ser perfeitamente simples conhece a si mesmo em sua existência por meio de um pensamento perfeitamente simples, sem qualquer ligação de sujeito e predicado.

36. Deixemos a Metafísica e permaneçamos com o resultado geral da sua doutrina do juízo. Evidentemente, nós estamos lidando aqui com uma modificação substancial e precisamente tal que, como eu acredito ter provado minuciosamente em minha *Psicologia a partir de um ponto de vista empírico,* envolve uma correção significativa da interpretação acerca dos juízos.

37. No entanto, essas considerações cerca da ligação e separação, acerca das quais nós ouvimos anteriormente, permanecem sempre perturbadoras em Aristóteles e em lugar algum talvez isso se coloque mais do que aqui. Se ele admitiu precisamente que o assentimento afirmativo não é sempre a crença em uma ligação, no obstante ele se manteve inflexível no fato de que a negação deve ser sempre a crença em uma separação, de modo que segundo ele a afirmação de um predicado se opõe à negação de um predicado, mas a afirmação simples não se opõe à negação simples. Em conformidade com isso, nos também lemos no livro *Sobre a alma*, que a verdade também se encontra no pensamento simples, mas o erro sempre se encontra no pensamento composto. Ele também declara explicitamente na *Metafísica* que aquilo que se opõe a um juízo simples verdadeiro não é o erro, mas a simples ignorância (*ἄγνοια*).

38. Eu não vou me prolongar em esclarecimentos sobre como esta opinião errônea está relacionada com a anterior.

Por notório que seja o erro, e considerando a obscuridade acerca da essência do juízo existencial, a qual existiu e existe em quase todos os filósofos até dias recentes, nós temos toda razão de julgá-lo com benevolência.

39. Nós também o eliminamos da definição aristotélica da verdade e do erro, assim nós chegamos à seguinte versão:

A verdade de um juízo consiste no fato de que ele atribui, a uma coisa (*einem Dinge*), algo real (*etwas Reales*) que é dado com ela como uno, ou nega-lhe uma parte real (*einen realen Bestandteil*) que não existe com ela como uno, ou ainda, se ele é um juízo do tipo mais simples, no fato de que ele afirma que algo real é, quando esse o é, e não é quando esse mesmo não o é. Nisso consistiria a correspondência do juízo verdadeiro com as coisas efetivas (*wirklichen Dingen*).

40. No entanto, novas dificuldades emergem. Há casos em que essa definição também se mostra incorreta. Eu vou limitar-me a nomear as duas principais classes.

41. Antes de tudo, mostram-se incorretos todos os juízos negativos que negam total e absolutamente a coisa em si mesma ou (como se diz de modo não muito apropriado) lhe negam a existência (*Existenz*). Eu digo *não muito apropriado*, pois ninguém pensa que em tal caso a coisa (*Ding*) talvez subsista (*bestehen*), embora sem uma existência (*Existenz*).

42. A dúvida explicita-se de maneira particularmente clara no caso da simples negação.

Se a verdade 'não existe dragão' consistisse em uma concordância de meu juízo com uma coisa (*Ding*), qual deveria ser então esta coisa (*Ding*)? Não o dragão, o qual nem se quer existe (*nicht vorhanden sein*). Nem tampouco, no entanto, qualquer real (*irgendwelches Reale*), o qual (como concordante) pudesse ser considerado.

43. Algo completamente similar ocorre, no entanto, no caso onde eu não nego uma coisa (*Ding*) de modo absoluto, mas nego apenas algo (*etwas*) como determinação real (*reale*) de outro. Quando eu digo "algum homem não é negro", é ne-

cessário então para a verdade da sentença, como nós já dissemos, não um negro separado do homem, mas sim a falta de negro no homem, a qual existe na realidade (*der in Wirklichkeit ist*). Esta falta, este não-negro, é como tal coisa alguma (*kein Ding*), assim é novamente coisa alguma (*kein Ding*) dada na realidade (*in Wirklichkeit gegeben*) que concorda com este meu juízo.

Aponta-se assim, como dissemos, garantido primeiramente por todos os juízos negativos (e inequivocamente pelas negações simples), que não existia aquela relação de concordância entre juízo e realidade (*Realität*), a qual pretensamente pertenceria a cada juízo verdadeiro.

44. O outro caso, onde parece se mostrar a mesma coisa, nós encontramos imediatamente quando examinamos de modo claro toda a extensão do âmbito no qual se exerce a função afirmativa.

Nós descobrimos, então, que embora o juízo afirmativo se refira frequentemente às coisas (*Dinge*), também não deixa de tratar de objetos (*Gegenstände*) - eu clarificarei agora a partir de alguns exemplos - os quais não são designados de modo algum com o nome 'coisa' (*Dinge*). Onde, então, um juízo afirmativo se refere às coisas (*Dinge*), seja ele o que simplesmente reconhece uma coisa (*Ding*), seja ele o que atribui outra determinação real (*Reale*) a uma realidade (*Realität*), nós certamente poderíamos mostrar, no caso da verdade, uma concordância das coisas (*Dinge*) com o juízo. Onde não fosse o caso, no entanto, como deveríamos ser capazes de dar conta de semelhante concordância?

45. De fato, nossos juízos afirmativos verdadeiros, às vezes dizem respeito a uma coisa, a um coletivo de coisas, às vezes a uma parte, um limite de tal coisa etc. - meros objetos (*Gegenstände*), os quais são eles mesmos coisas alguma (*keine Dinge*). Ou, no entanto, se alguém se atrevesse ainda a afirmá-los, ele pretenderá, talvez ainda do mesmo modo, afirmar um

ser que se encontra fora de mim como uma coisa (*Ding*), o qual eu conheço como passado remoto ou como futuro distante?

E ainda, o que acontece quando eu reconheço a falta e quando eu reconheço a ausência de uma coisa? Ele dirá que essa falta, que esta ausência em uma coisa, é também uma coisa? E ainda, quando eu digo que existe uma impossibilidade ou existe certas verdades eternas - por exemplo, as leis matemáticas -, ele acreditará aqui talvez que, algo semelhante às ideias platônicas existiriam no mundo ou fora dele seres eternos concordantes com meu juízo? Certamente não. Parece que o conceito de *adaequatio rei et intellectus* foi aqui completamente desfeito.

46. Nós vimos que a proposição segundo a qual a verdade é a concordância do juízo com a coisa (*Sache*) - ou como semelhantemente se expressa -, ou deve ser necessariamente falsa, ou deve ser compreendida de uma maneira inteiramente diferente daquela sucedida aos que, por verdade, imaginam dada certa relação de identidade ou similitude, ou mesmo semelhança, entre um pensamento e uma realidade (*Realität*).

47. Dessas duas hipóteses que nos restaram, a última é a correta e depois do mencionado se torna fácil esclarecer o verdadeiro sentido da fórmula utilizada por tanto tempo de modo obscuro pelos filósofos.

Para realizá-lo, nós devemos nos atentar, por um lado, para a extensão do domínio que os juízos podem cobrir e, por outro lado, para a oposição da relação entre os juízos afirmativos e negativos.

48. Quanto à extensão do domínio, ele é totalmente sem limite. O material pode ser escolhido de maneira totalmente arbitrária. Certamente, *algo* (*Irgend etwas*) é sempre julgado. Mas o que significa esse *algo (Irgend etwas)*? É um termo, o qual poderia ser aplicado a Deus, ao mundo, a cada coisa (*jedes Ding*) e não-coisa (*Unding*).

49. Este domínio totalmente ilimitado se divide de imediato em dois. A oposição entre juízo afirmativo e juízo

negativo traz imediatamente consigo o fato de que, em cada caso, uma única das duas formas de julgar será apropriada, enquanto a outra não será. É o que nós exprimimos ordinariamente quando dizemos que, de dois juízos contrários, um é sempre verdadeiro e outro é falso.

50. O domínio para o qual a forma afirmativa de julgar é apropriada, nós o chamamos então domínio do existente (*Existierenden*). Um conceito que deve, certamente, ser distinguido de conceitos tais como coisal (*Dinglichen*), consistente (*Wesenhaften*) e real (*Realen*). O domínio para o qual a forma negativa de julgar é apropriada, nós o chamamos domínio do não existente (*Nichtexistierenden*).

51. De modo semelhante a Aristóteles, quando ele esclarece que um juízo é verdadeiro, quando ele considera unido o que está unido e assim por diante, nós podemos de todo modo dizer daqui em diante: é verdadeiro o juízo quando afirmar de algo (*etwas*) que é, que ele é. E, negar que algo (*etwas*) que não é, que ele seja (de modo contrário, falso, uma vez que, em vista disto que é e disto que não, o juízo adotaria uma posição contrária).

52. Em nenhum dos outros tantos modos dito, além dos que foram ditos aqui, se estabelece a concordância do juízo verdadeiro com o objeto (*Gegenstande*).

Concordar não significa aqui ser idêntico ou parecido, mas corresponder, ser apropriado, ser pertinente, se harmonizar com, ou outra expressão equivalente que se possa aplicar aqui.

53. Nós também esclarecemos o conceito ainda por meio de um paralelo óbvio. Também no domínio afetivo encontra-se uma oposição, a saber, aquela oposição entre o amor e o ódio. O que quer que possa entrar em questão, um dos dois modos dessa atitude será apropriado, e o outro inapropriado, em cada caso. Consequentemente, tudo o que é pensável decompõe-se em duas classes, das quais uma contém tudo para o qual é apropriado o amor; e a outra contém tudo para o qual é

apropriado o ódio. O que pertence à primeira classe, nós o denominamos bom, e mau o que é compreendido na outra classe. Assim, nós podemos declarar justo ou injusto um amor ou um ódio, uma vez que nós amemos o bem ou odiamos o mal, ou, ao contrário, se nós odiamos o bem ou amamos o mal. Além disso, (nós podemos declarar) que no caso de uma atitude justa, nossa atividade sentimental corresponde ao objeto (*Gegenstande*), está de acordo com seu valor (*Werte*) e, de modo contrário, ela o objeta no caso da atitude errônea, está em desarmonia para com seu valor (*Werte*).

54. Nós chegamos a um análogo exato do que representa a concordância do juízo verdadeiro com seu objeto (*Gegenstande*) ou com a existência (*Existenz*) e não existência (*Nichtexistenz*) de seu objeto (*seines Gegenstandes*). No caso, entretanto, não se trata absolutamente de um ser (*Seienden*) no sentido do real (*Realen*), coisal (*Dinglichen*), consistente (*Wesenhaften*).

55. Nós perguntarmos, no entanto, pela relação da verdade com a realidade (*Realität*), assim resulta simplesmente o seguinte, a partir do fundamento das nossas reflexões:

1. Para uma parte dos juízos verdadeiros existe, como dizemos, uma relação direta de sua verdade com algo real (*etwas Realem*). São aqueles nos quais a representação que serve de base para o juízo tem um conteúdo real (*realen Gehalt*). É claro que a verdade do juízo afirmativo e, no sentido contrário, a verdade do juízo negativo são condicionadas pela subsistência, aparição ou desaparição da referente realidade (*Realität*). Sem que o juízo mesmo seja modificado, frequentemente o juízo adquire ou perde sua verdade se, para além dele, a referente realidade (*Realität*) é produzida ou destruída.
2. Para os demais juízos, nos quais a representação não tem conteúdo real (*realen Gehalt*), existe uma dupla possibilidade.

a. Ou eles não são em sua verdade de modo algum dependentes de uma realidade (*Realität*), o que é o caso de todos os juízos onde o objeto (*Gegenstand*) é absolutamente necessário ou absolutamente impossível em si mesmo. Fazem parte deles, por exemplo, o princípio de não-contradição e todos os juízos analíticos.
b. Ou eles são, se também não diretamente, ao menos indiretamente dependentes de uma realidade (*Realität*). Em outras palavras, embora a representação não tenha qualquer conteúdo real (*realen Gehalt*), o fato de que seu objeto pertence ao existente (*Existierenden*) ou ao não-existente (*Nichtexistierenden*) é uma consequência de que uma certa realidade (*Realität*) ou certas realidades (*Realitäten*) e não outras existem, existiram ou existirão. Assim um espaço vazio - e em geral uma falta, uma faculdade, uma coisa meramente pensada e ao que mais for possível se referir - existe, surge e desaparece, em ligação com e na dependência das transformações reais (*realen Veränderungen*).

56. Eu acredito que, com isso, foi dito essencialmente o que seria necessário para esclarecer a definição de verdade como correspondência do juízo com o objeto (*Gegenstande*), a qual possibilitou tantos mal-entendidos.

57. Eu não sei se alguns não se sentirão desapontados com os resultados obtidos.

No caso, a definição parece agora dizer muito pouco e nada além do que é dito quando se diz que um juízo é verdadeiro se ele julga um objeto (*Gegenstand*) justamente, ou seja, quando ele é, diz que ele é, ou quando ele não é, diz que ele não é.

"Julgar verdade" e "julgar justamente" parece consistir em uma simples tautologia e o restante parece ser apenas uma explicação por meio de expressões correlatas. Quando nós explicamos o conceito de verdade do juízo afirmativo por meio do termo correlato existência do objeto (*Existenz des Ge-*

genstandes) e o conceito de verdade do juízo negativo por meio do termo correlato de não existência do objeto (*Nichtexistenz des Gegenstandes*), nós procedemos semelhantemente àquele que define o conceito de efeito por meio da sua relação para com o conceito de causa ou o conceito de grande por meio da sua relação para com o conceito pequeno. O que se ganhou aqui? Uma expressão é tão conhecida e usual como a outra.

58. Contudo, as nossas investigações podem nos ser instrutivas em alguns aspectos.

(1) É interessante agora que nós não mais procuremos atrás da definição, além do dado na realidade (*Wirklichkeit*). A definição também não aparece agora propriamente sem valor. As expressões tautológicas, mesmo desprovidas da menor análise conceitual, sempre apresentam vantagens substanciais para o esclarecimento, se, de dois termos sinônimos, um deles não sucumbe tanto quanto o outro às más interpretações. No entanto, esse não seria, em princípio, o caso na definição "concordância com o objeto" (*Übereinstimmung mit dem Gegenstande*), então fiquemos atentos com extravios na aproximação da afirmação e negação adequadas com o análogo adequado no âmbito de amor e do ódio.

Assim, nós agora estamos protegidos ante a confusão conceitual, e também por isso diante de muitos outros mal entendidos, pelos quais muitos se deixaram induzir por meio de mal-entendidos da definição.

a) Nós, por exemplo, não dividiremos a verdade dos juízos em formal e material, tal como se faz. Está claro, de modo contrário, que aquilo que alguns denominam verdade formal (ou seja, a não contradição interna) não deve ser absolutamente verdade no sentido próprio, mas verdade em sentido impróprio, como similarmente nós poderíamos muitas vezes chamar de verdade aquilo que não é juízo.

b) Nós não pensaremos, como alguns ingenuamente o fazem, que onde se reconhece uma verdade é preciso comparar uma coisa real (*ein reales Ding*) com um juízo. Eles não suspeitam que, no juízo, não se trata sempre de coisas reais (*reales Dinge*) e, além disso, também não percebem que, ainda onde é esse o caso, a coisa real já deveria ter sido reconhecida como tal por mim, para que a comparação de uma coisa real e um juízo seja possível. Essa teoria nos levaria a uma *regressio ad infinitum*.

Enfim, nós não estaremos tentados a confundir, como é recorrente, o conceito de real (*des Reale*) com o conceito de existente (*des Existierenden*). Já faz dois mil anos que Aristóteles analisou os múltiplos sentidos do ser (*des Seienden*). É lamentável, mas verdadeiro, que ainda hoje a maioria nenhum proveito tenha tirado de suas investigações.

59. (2) Nossas conclusões também devem ser interessantes a partir de outra perspectiva. Falamos inicialmente da equivocidade e observamos, tal como Aristóteles, que há uma grande ameaça para o sucesso dos nossos esforços intelectuais quando ela não é considerada.

Pode-se obter um claro quadro do significado desse risco quando se observa como uma fórmula sempre pronunciada, por causa da equivocidade da expressão "Ser" (*Seiendes*), levou os mais ilustres pensadores ao erro ao não obterem clareza sobre algo fundamental?

60. Finalmente (3) também poderíamos extrair de nossa investigação outra lição e poderíamos guardá-la para sempre conosco. Em nossa investigação, tratou-se de uma definição, ou seja, da elucidação de um conceito associado a um nome. Em tais casos, muitos acreditam que sempre se deveria recorrer às determinações gerais e esquecem, com isso, que o meio definitivo e eficaz deve consistir sempre em uma referência à intuição do individual, a partir de onde derivam todos nossos conceitos gerais. De que valeria toda explicação dos conceitos vermelho ou azul, se eu não expusesse um vermelho ou um azul diante dos olhos de alguém? Os que se ocuparam da definição nominal da verdade, cuja história nós percorremos, não se atentaram para isso.

Se, como eu espero, nós conseguimos esclarecer o conceito que estava obscuro, foi unicamente porque examinamos melhor os exemplos de juízos verdadeiros, onde não tardamos a constatar que esta relação de igualdade - o que quer que ela possa ser - não poderia ser uma verdade, pois afirmação e negação não se relacionam sempre com coisas reais (realen Dingen). Mesmo agora, depois de esclarecermos todo mal entendido, a definição nada diria para aquele a que faltasse a intuição. Esta deveria ser nossa conquista. Ela é certamente suficiente para uma questão tão limitada como a nossa, onde se trata, em resumo, apenas de explicar uma expressão que um uso cotidiano tornou acessível a todo mundo.

Referências

BRENTANO, Franz. Über der Begriff der Wahrheit. In: *Wahrheit und Evidenz*, Hamburg, Felix Meiner, 1930.

_________. *O conceito de verdade*. Trad. Evandro O. Brito, Editora Centro Universitário Municipal de São José. São José, 2014.

KANT, Immanuel. *Crítica da Razão Pura*. Lisboa: Fundação Calouste Gulbenkian, 2001.

SOBRE O CARÁTER APRIORÍSTICO DO PRINCÍPIO ÉTICO (1904)[1]

(Uma carta para Oskar Kraus de 24 de março de 1904)

Nota preliminar de Oskar Kraus

Em 21 de março de 1904 escrevi, entre outros, à Brentano:

> "(...) por ocasião de meus estudos, chamou-me ainda atenção o seguinte. Em ética, nós nos consideramos empiristas, tomando isto *cum grano salis*. A origem de nossos conceitos 'bom' e 'preferível' situa-se na experiência psíquica interna, exatamente como os conceitos 'necessidade' etc., e de modo análogo aos conceitos 'grande' e 'maior', na chamada 'experiência externa'. No entanto, a ética não se funda em conceitos, mas em conhecimentos. Esses conhecimentos (como, por exemplo, a proposição 'um conhecimento odioso é impossível') são obtidos a partir da análise dos conceitos que estão na sua base. São também, assim, 'analíticos' ou 'a priori', no mesmo sentido que os axiomas matemáticos. A diferença consiste apenas em que os conceitos matemáticos, especialmente os conceitos geométricos, são propriamente 'conceitos ideais', ou

---

[1] Este texto foi publicado pela primeira vez na *Ethic@ - An international Journal for Moral Philosophy*, v. 5, n. 1, 2013, p. 169 - 172. Sua tradução foi realizada por Evandro O. Brito (UNICENTRO).

ficções. Você considera isso correto? E, se não, por que não?"[2]

Carta resposta de Franz Brentano

Brentano respondeu assim:

(...) Uma palavra sobre a pergunta, se nosso ponto de vista ético é um (ponto de vista) empírico. A resposta dependerá de como se concebe o conceito. Está fora de dúvida que as representações de bom e melhor são tomadas a partir da experiência. Porém, você observa corretamente que o análogo também vale para as ciências matemáticas, as quais nós não nomeamos ciências empíricas.

É certo, contudo, que o conceito 'bom' não precisa estar incluído naquilo que é bom, como por exemplo, no conhecimento. (Do contrário, todas as coisas deveriam conter, também, o conceito de bom, pois qualquer coisa contém algo de bom). [Nota do editor: são consideradas coisas psiquicamente em ato como tal. Mesmo (a) a dor da tortura, (b) o erro ou (c) o indivíduo ativamente criminoso está: (a') sendo representada; ou (b') em si mesmo reconhecido como evidente; ou (c') vendo ou, antes, percebendo. E, como tal, está participando do bem.] 'Conhecimento é bom' não é, portanto, uma proposição que tem o caráter do princípio de não contradição e não é evidente, sem mais, a partir dos conceitos. Aqui se indica uma diferença em relação à matemática. 2 + 1 = 3 evidencia-se a partir dos conceitos. Pois, 2 + 1 é a definição analítica de 3.

---

[2] Nota do editor Oskar Kraus: "Cf. KRAUS, O. *Zur Theorie des Wertes* (Sobre a teoria do valor), 1901, p. 87, e MARTY, A. *Untersuchungen zur Grundlegung der allgemeinen Grammatik und Sprachphilosophie* (Investigações sobre o fundamento da gramática universal e da filosofia da linguagem), 1908, p. 429."

Contudo, você observa, a partir dos conceitos nós conhecemos que 2 + 1 é necessariamente 3 e o conceito 'necessário' não está encerrado nos conceitos. E isto é absolutamente correto. Ou seja, a união predicativa de 3 com 2 + 1 pela cópula negativa produz em nós a rejeição dessa predicação com caráter apodítico. E isto nos conduz ao conceito de impossibilidade etc., por meio da reflexão sobre o juízo apodítico. Neles, nós temos a experiência objetiva a partir da qual é tomado, por exemplo, o conceito de impossível.

Assim, nós chegamos ao juízo '2 + 1 = 3 é necessariamente verdadeiro', embora 'necessariamente verdadeiro' não esteja encerrado em 2 + 1. O seguinte juízo é substancialmente diferente: 'que um corpo em repouso, se nada o move, permanece em repouso e um (corpo) movido (permanece) em movimento retilíneo de velocidade constante, é necessariamente verdade'. Ali, mas não aqui, o juízo apodítico, o qual dá lugar à abstração do conceito de impossibilidade, surge a partir dos conceitos. Está claro, então, que o conceito 'conhecimento que não é bom' (*'nicht gute Erkenntnis'*) não dá lugar, do mesmo modo, a esse juízo apodítico de rejeição.

E assim se faz, pois, necessária ainda outra experiência, a saber, aquela em que um amor lhe surge a partir do conceito de conhecimento, que, simplesmente porque surge assim, se apresenta como um amor caracterizado como correto. Uma essência psíquica puramente intelectual resultou de '2 + 1 não é 3' para a rejeição apodítica dessa proposição, mas não resultou de 'conhecimento que não é bom' (onde pudéssemos pensar o conceito de bom dado a priori [Nota do editor. Porque, nesses casos fictícios, ele não poderia ser tomado de uma experiência.]) para ser levado à rejeição apodítica dessa proposição.

No entanto, a experiência que necessitamos se dá de outro modo, completamente análogo à experiência do juízo apodítico '3, o qual não é 2+1, é impossível'. Pois também aquela, como amor caracterizado como correto, surge a partir de conceitos, e é precisamente isso que a caracteriza como correta. E, assim, você tem toda razão quando encontra uma notável diferença, para chegar ao juízo universal, entre esses casos e aqueles que, limitadamente e no sentido próprio, são chamados de indução. Esta oferece apenas probabilidade (no melhor dos casos, de grandeza infinita), mas aqui nós temos a certeza absoluta dos juízos apodíticos.

E, assim, parece-me plenamente justificado protestar contra a ideia de que o conhecimento aqui, como quer que um amor deva ser vivenciado e experienciado, seja chamado de empírico. Ou seja, ele é apriorístico, com uma rejeição substancialmente análoga do pensamento na qual os conceitos empregados são dados sem percepção e apercepção, tal como eles sempre deveriam se encontrar [Nota do editor: isso significa que deve ser rejeitado o pensamento que, pelo juízo apriorístico, não toma por base os ***conceitos*** da experiência]. Em relação a muitos outros casos, apenas um é aqui singular: que também os atos de amor têm de ser percebidos e apercebidos, e não apenas os atos de conhecimento.

Referências

BRENTANO, Franz. *Über den apriorischen Charakter der ethischen Prinzipien. Aus einem Briefe an den Herausgeber vom 24. März 1904*. In. *Vom Ursprung sittlicher Erkenntnis*, Hamburg, Felix Meiner, 1969. p. 109 - 111.

_________. *Sobre o caráter apriorístico do princípio ético*. Trad. Evandro O. Brito. *Ethic@ - An international Journal for Moral Philosophy* - Florianópolis, Santa Catarina, Brasil, v.13, n.2, p. 420 - 423, jul./dez., 2014. http://dx.doi.org/10.5007/1677-2954.2014v13n2p420

O PSICOLOGISMO: OU O PORQUÊ NÃO SOU UM PSICOLOGISTA (1911)[1]

A minha teoria do conhecimento foi acusada de psicologismo; uma palavra surgida recentemente, em função da qual alguns filósofos religiosos se benzem, como se nela estivesse o próprio diabo, tal como alguns católicos ortodoxos por causa do nome Modernismo.

Para responder a uma acusação tão séria, eu devo primeiramente questionar o que realmente se quer dizer com isso, pois se está recorrentemente com esse nome à mão, também onde se trata de coisas muito diferentes. Quando eu pedi um esclarecimento em um amigável encontro com Husserl, e oportunamente com outros que tinham na boca esse novo termo por ele introduzido, disseram-me que com isso se define uma teoria a qual contesta a validade universal do conhecimento, uma teoria segundo a qual outros seres, além dos humanos, poderiam ter conhecimentos (*Einsichten*) que se opõem diretamente ao nosso.

Entendido neste sentido, eu não apenas não sou psicologista, mas eu sempre rejeitei enfaticamente e combati tal subjetivismo absurdo.

Acerca disso, contudo, eu ouço em retribuição que eu ainda sou psicologista e suprimo a unidade da verdade universal, pois esta consiste apenas no fato de que o juízo verdadeiro corresponde a algo fora do espírito (*Geistes*), o qual é um

---

[1] Este texto foi publicado pela primeira vez na *PERI - Revista de filosofia*, v. 5, n. 1, 2013, p. 169 - 172. Sua tradução foi realizada por Evandro O. Brito (UNICENTRO).

e o mesmo para todo aquele que julga. No caso dos juízos negativos e nos casos daqueles que descrevem algo como possível, impossível, passado ou futuro, esse algo não poderia entretanto ser uma coisa. Como eu sustendo como algo existente, ao lado das coisas, também as não coisas indeterminadas, não seres (*Nichtsein*), possibilidades, impossibilidades, seres-passados, seres-futuros e similares, eu deixei escapar aqui a unidade da verdade universal.

Eu respondo que, mesmo se a eliminação da universalidade do conhecimento fosse consequência de tal negação, ainda não se poderia me rebaixar como psicologista, pois eu mesmo não aponto essa consequência. Poder-se-ia dizer apenas, algo como, eu apenas estabeleci frases nas quais as conclusões poderiam levar ao psicologismo.

Nem isto também está correto, pois por que não poderia ser autoevidente, também sem a pressuposição de tais não-coisas, que dois juízos, dos quais um reconhece de certo modo o que o outro rejeita do mesmo modo, também não são ambos corretos quando duas pessoas diferentes os fazem ambos, que quando uma e a mesma pessoa os faz? Certamente, ninguém afirmará que mesmo que tais não-coisas existam, a percepção (*Wahrnehmung*) dessas não-coisas, e sua comparação com os próprios juízos, deva preceder o conhecimento da verdade ou falsidade de nossos juízos na concordância ou na não concordância de um com o outro. De modo contrário, será sempre o caso que percepções imediatamente evidentes de coisas, e negações imediatamente evidentes de relações que são dadas na nossa representação, ofereçam o suporte último para nossa avaliação crítica do pensamento de outrem, bem como do nosso próprio pensamento.

Isto tudo para me defender da fala depreciativa, e de minha parte difícil de acreditar, que se teriam ouvido da boca de alguns dos meus próprios alunos. De modo contrário, então, e para excluir algo pior, eu deveria interpretar isso como sinal de extrema fraqueza de memória. [Se ainda hoje muitos que falham ao reconhecerem a natureza da evidência, confundem a validade lógica com a necessidade genética do pensamento, seja para o indivíduo, seja para a totalidade do gênero humano. Eu pelo menos, tanto em minhas preleções como em meus escritos, sempre distingui com clareza entre o sentido da necessidade natural e o sentido da corretude de um ato. Sim. Ninguém, nem antes e nem depois de mim (e Husserl não está excluído), foi capaz de se expressar clara e incisivamente sobre isso, tal como eu fui].

Mas, não! Existe ainda uma terceira hipótese. Sabemos como são os humanos e como seus conceitos mudam imperceptivelmente, de onde se segue que, em decorrência das equivocidades, eles não sabem exatamente o que dizem. Assim, algo humano de tal espécie pode ter ocorrido com os que me chamam de psicologista. Nesse caso, não apenas o subjetivista, mas também deveria ser acusado de psicologismo aquele que crê que a psicologia tem qualquer palavra a acrescentar na lógica e na teoria do conhecimento. Mas, quanto mais eu condeno o subjetivismo, menos eu serei levado pela sedução de ignorar essa verdade. Pelo contrário, ela está tão firmemente determinada para mim, que me deveria parecer paradoxal e até absurdo se alguém negasse que conhecimento é juízo e o juízo pertence ao domínio da psicologia. Considera-se também que, se outros seres além de nós compartilham conosco o conhecimento, aquilo que eles compartilham deve estar no domínio psíquico humano e apenas aqui é diretamente acessível para a investigação científica.

Referências

BRENTANO, Franz. Vom Psychologismus. In: *Psychologie vom empirischen Standpunkt*. Zweiter Band. Felix Meiner Verlag, Hamburg, 1971, p. 179-182.

__________. O Psicologismo: Ou o porquê não sou um psicologista. Trad. Evandro O. Brito. *Revista PERI*, v. 5, n. 1, 2013, p. 169 - 172.

EPICURO E A GUERRA (1916)[1]

A "*Internationale Rundschau*" publicou recentemente um artigo com o mesmo título, o qual recebe meus aplausos na medida em que enfatiza que, mesmo sob o ponto de vista do egoísmo mais extremo, a sede de guerra não pode ser aprovada sob nenhuma circunstância. O autor também reconhece com clareza o absurdo daqueles que querem que *o Estado seja considerado como um ser vivo superior ao indivíduo, por cuja feliz prosperidade os indivíduos inferiores têm que abrir mão de seus bens e sangue, e que, portanto, também sustentam que deve ser considerado um mal menor se um povo inteiro for despojado de sua felicidade, e exposto aos sofrimentos mais indescritíveis, do que se o Estado não se mantiver em pleno poder e, até mesmo, deixar de aumentá-lo ainda mais.* Nesse delírio, hoje muito difundido, encontra-se uma das mais estranhas inversões da ordem de meios e fins, uma vez que certamente não é o homem que existe por causa do Estado, mas o Estado por causa do homem, na medida em que este último não se apresenta como algo bom em si mesmo, mas apenas como algo útil. Um patriotismo que chega ao ponto de ignorar isso não pode ser admirado como virtude; devemos, sim, condená-lo decididamente como uma aberração moral, semelhante à conduta de um avarento que sacrifica sua felicidade pessoal à acumulação de riquezas, como se estas fossem um verdadeiro bem, sim, um bem superior em si mesmo.

---

[1] Este texto foi publicado pela primeira vez, como apêndice do artigo "Epicuro e a guerra: dois avisos de Brentano para um Brasil em colapso", na *Guairacá - Revista de Filosofia*, Guarapuava-PR, v. 37, n. 1, p. 241 - 253, 2021. Sua tradução foi realizada por Evandro O. Brito (UNICENTRO) e Camila B. Moreira (UFPR).

Mas, se se pode ser chamado de meritório ter enfatizado uma verdade que é muito reconhecida em nosso tempo, então é profundamente lamentável se alguém, como fez o autor do artigo com a afirmação de que do ponto de vista egoísta tais ultrajes deveriam ser condenados, ainda acrescenta que se deve culpar os adeptos de uma cosmovisão teísta por tê-las causado ou favorecido. O autor também não apresentou o mínimo que se assemelhasse a uma prova disso, se não algo como que toda doutrina que assume um princípio divino ao transcender o reino da experiência se torna puro disparate, ou, como o autor se expressa, é inteiramente irracional; em tais confusões ao disparate, também não se deveria mais ficar espantado com aquela inversão absurda de fins e meios que leva a uma espécie de fetichismo de estado.

Ousando usar uma linguagem tão desdenhosa para com todos os pensadores teístas, ele se mostra pouco familiarizado com a história da filosofia; caso contrário, ele deveria saber que exatamente os pensadores mais eminentes e sagazes da antiguidade, bem como dos tempos mais recentes, um Anaxágoras, Platão, Aristóteles, bem como um Descartes, Locke, Leibniz e, em certo sentido, também o agora tão elogiado Kant, embora ele considere o transcendente como inescrutável, pertencem aos teístas. Mesmo Albert Lange, o autor da "História do Materialismo", sente-se compelido a reconhecer que temos que agradecer não aos materialistas, mas a todos os espiritualistas, pelas grandes descobertas já feitas na antiguidade no campo das ciências exatas; e da mesma forma Romanes, o psicólogo do Darwinismo, confessa que notou com maior espanto como, dos pesquisadores contemporâneos que na Inglaterra, se distinguiram mais pelo engenho matemático (ele nomeia, além de Maxwell e Lord Kelvin, toda uma série dos professores mais famosos de Cambridge), quase todos foram de persuasão teísta; para mostrar como algo semelhante se aplica aos grandes pesquisadores no campo das ciências exatas também na Alemanha, basta mencionar Johannes Müller, Liebig, Schwann, Pflüger e Helmholtz. Por essa razão, também, com a prova de nosso autor, que de outra forma seria transmitida muito solta, as coisas estão muito ruins.

Mas também é altamente deplorável no interesse prático da causa da paz, quando alguém que confessa ser um de seus amigos faz ataques insultuosos contra outros entre eles, pois isso significa estilhaçar as forças onde é necessário mantêlas unidas o máximo possível. Franklin, quando procurou conduzir todos aqueles que se esforçam para fazer o bem para uma união de convivência, que ele chamou de "Sociedade dos que fazem o bem", nos deu, a propósito, não se ofendendo diante das maiores divergências de opinião, um exemplo da tolerância que também é solicitada em nosso caso. O autor a viola de uma maneira ainda mais conspícua, já que, em nosso exato tempo, quase não vemos ninguém lutando com maior afinco pelo estabelecimento da paz do que Bento XV, o chefe da Igreja Católica.

O cristianismo é, em todo o seu espírito, uma religião de paz, e este caráter ainda permanece com ele hoje, mesmo que, através da irracionalidade dos homens, guerras tenham ocorrido repetidamente em supostos interesses religiosos. E assim, também através da irracionalidade dos seguidores de uma moral egoísta, isso poderia muito bem acontecer, e muito mais frequentemente. Especialmente em nossos dias, a raiz da qual todo infortúnio brotou certamente não está nas convicções religiosas, mas nos impulsos egoístas. Se eu não temesse cair num erro semelhante de intolerância para com aqueles que concordam comigo no amor à paz, eu não só apresentaria evidências disso com facilidade, mas também mostraria como a acusação da filosofia irracional, ao invés dos pensadores teístas, deve ser feita sobretudo aos seguidores de Epicuro, que em sua superficialidade se entregou, quase mais do que qualquer outro filósofo, à nudez mais óbvia.

Referências

BRENTANO, F. *Epikur und der Krieg*. Schriften zur Ethik und Ästhetik. Ontos Verlag, 2010, p. 165.

________. Epicuro e a guerra. In: BRITO, Evandro O., MOREIRA, Camila B. Epicuro e a guerra: dois avisos de Brentano para um Brasil em colapso. *Guairacá - Revista de Filosofia*, Guarapuava-PR, v. 37, n. 1, p. 241 - 253, 2021. DOI 10.5935/2179-9180.20210015

PERFIS DOS TRADUTORES

Evandro O. Brito

Evandro Oliveira de Brito é Professor Adjunto C junto ao Departamento de Filosofia (DEFIL) e junto ao Programa de Pós-Graduação em Educação (PPGE) da Universidade Estadual do Centro-Oeste (UNICENTRO), doutor e mestre em Filosofia pela Pontifícia Universidade Católica de São Paulo, bacharel e licenciado em Filosofia e licenciado em Ciências Sociais pela Universidade Federal de Santa Catarina. Como pesquisador, investiga o desenvolvimento da ética nas obras de Franz Brentano, coordena o grupo de pesquisa Ética Política e Cidadania (UNICENTRO) e está vinculado aos grupos de pesquisa Origens da filosofia contemporânea (PUC-SP), Filosofia, arte e educação (UFSC) e Estudos do Idealismo (UNESP). É membro fundador e editor da Apolodoro Virtual Edições. Atua como docente nos cursos de graduação em Filosofia e Pedagogia indígena e no Programa de Pós-graduação em Educação (PPGE) da UNICENTRO.

Ernesto M. Giusti

Ernesto Maria Giusti possui graduação em Filosofia pela Pontifícia Universidade Católica de São Paulo (1995) e mestrado em Filosofia pela Pontifícia Universidade Católica de São Paulo (2001). Publicou "A Filosofia da matemática no *Preisschrift* de Kant" (Fapesp/Educ, 2004). Atualmente é professor da Universidade Estadual do Centro-Oeste do Paraná - Unicentro. Tem experiência na área de Filosofia Moderna, atuando principalmente nos seguintes temas: Kant, Filosofia da

Matemática e das ciências na Modernidade, Frege, Filosofia alemã, Origens da filosofia contemporânea.

Camila B. Moreira

Camila Bozzo Moreira é doutora em Estudos Literários pela UFPR (2023), mestre em Estudos da Tradução pela USP (2017), especialista em Ensino de Língua Alemã pelo ZfA em parceria com o Colégio Visconde de Porto Seguro (2018) possui graduação em Letras: Bacharelado com ênfase nos Estudos da Tradução (2010) e Licenciatura em Português-Alemão pela Universidade Federal do Paraná (2011). Tem experiência na área de Línguas Estrangeiras Modernas, com ênfase no ensino de Língua Alemã; e na área de Língua Portuguesa, com ênfase no ensino de Língua Portuguesa e Literatura e Português como Língua Estrangeira. Tem experiência em tradução Alemão/Português e Inglês/Português.

Emanuel L. Stobbe

Emanuel Lanzini Stobbe é estudante de doutorado pela *Martin-Luther-Universität Halle-Wittenberg* (MLU) e pela Universidade Estadual de Campinas (UNICAMP) desde 2018, com o projeto de tese *Obligation to Perfection in Wolff and Kant*. Foi bolsista do *Landesforschungsschwerpunkt "Aufklärung - Religion - Wissen"* pela *"Internationale Graduiertenschule Verbindlichkeit von Normen der Vergesellschaftung"* (2018-2021). É mestre em Filosofia (2018) pela Universidade Estadual de Londrina (UEL) (bolsista de mestrado, CAPES). Possui graduação em Filosofia pela mesma instituição (2012-2016). Pesquisa nas áreas de: (a) metafísica e filosofia prática de Christian Wolff (principalmente sobre os conceitos de perfeição, obrigação e razão e suas relações com a filosofia kantiana); (b) filosofia moral de Kant (ênfase nos conceitos de perfeição e humanidade). É membro da *Christian-Wolff-Gesellschaft für die Philosophie der Aufklärung (Halle/Saale).*

Maicon R. Engler

Maicon Reus Engler possui graduação (2008), mestrado (2011) e doutorado (2016) em Filosofia pela Universidade Federal de Santa Catarina (UFSC). Foi bolsista Santander na Universidade Católica Portuguesa (Braga) (2007) e professor substituto na Universidade Federal de Santa Catarina (2011). Realizou estágio de pesquisa (2014-2015) no departamento de Filologia Clássica da *Philipps Universität* de Marburgo (Alemanha), sob supervisão do professor Dr. Arbogast Schmitt. Integrou a equipe editorial da "Peri - Revista de Filosofia" (2013-2017). É membro do NIM - Núcleo de Investigações Metafísicas da UFSC, do Núcleo de Filosofia Antiga da UFSC, da *International Plato Society* (IPS) e da SAGP (*Society of Ancient Greek Philosophy*). Desde 2017 é membro do comitê editorial da série Filosofia, Arte e Educação, lançada pela Apolodoro Virtual Edições. Foi tutor do Ensino a Distância na disciplina de Ontologia contemporânea (UFSC), em 2015, e orientador de EAD da Especialização em Ensino de Filosofia (2016). Foi professor colaborador na Universidade Estadual do Centro-Oeste do Paraná (UNICENTRO), em Guarapuava (2015/2017). Desde 2017 é professor efetivo de Filosofia no Departamento de Teoria e Fundamentos da Educação e no Programa de Pós-Graduação em Filosofia da Universidade Federal do Paraná (UFPR).

Made in the USA
Monee, IL
04 November 2026

67384555R00069